Sultan Buzid

detection magnetique de materiaux enterres

Sultan Buzid

detection magnetique de materiaux enterres

Physique du Matériau Magnétique

Presses Académiques Francophones

Impressum / Mentions légales
Bibliografische Information der Deutschen Nationalbibliothek: Die Deutsche Nationalbibliothek verzeichnet diese Publikation in der Deutschen Nationalbibliografie; detaillierte bibliografische Daten sind im Internet über http://dnb.d-nb.de abrufbar.
Alle in diesem Buch genannten Marken und Produktnamen unterliegen warenzeichen-, marken- oder patentrechtlichem Schutz bzw. sind Warenzeichen oder eingetragene Warenzeichen der jeweiligen Inhaber. Die Wiedergabe von Marken, Produktnamen, Gebrauchsnamen, Handelsnamen, Warenbezeichnungen u.s.w. in diesem Werk berechtigt auch ohne besondere Kennzeichnung nicht zu der Annahme, dass solche Namen im Sinne der Warenzeichen- und Markenschutzgesetzgebung als frei zu betrachten wären und daher von jedermann benutzt werden dürften.

Information bibliographique publiée par la Deutsche Nationalbibliothek: La Deutsche Nationalbibliothek inscrit cette publication à la Deutsche Nationalbibliografie; des données bibliographiques détaillées sont disponibles sur internet à l'adresse http://dnb.d-nb.de.
Toutes marques et noms de produits mentionnés dans ce livre demeurent sous la protection des marques, des marques déposées et des brevets, et sont des marques ou des marques déposées de leurs détenteurs respectifs. L'utilisation des marques, noms de produits, noms communs, noms commerciaux, descriptions de produits, etc. même sans qu'ils soient mentionnés de façon particulière dans ce livre ne signifie en aucune façon que ces noms peuvent être utilisés sans restriction à l'égard de la législation pour la protection des marques et des marques déposées et pourraient donc être utilisés par quiconque.

Coverbild / Photo de couverture: www.ingimage.com

Verlag / Editeur:
Presses Académiques Francophones
ist ein Imprint der / est une marque déposée de
OmniScriptum GmbH & Co. KG
Heinrich-Böcking-Str. 6-8, 66121 Saarbrücken, Deutschland / Allemagne
Email: info@presses-academiques.com

Herstellung: siehe letzte Seite /
Impression: voir la dernière page
ISBN: 978-3-8416-2573-1

Copyright / Droit d'auteur © 2013 OmniScriptum GmbH & Co. KG
Alle Rechte vorbehalten. / Tous droits réservés. Saarbrücken 2013

Thèse

Présentée par

Sultan BUZID

Pour obtenir le titre de

DOCTEUR

de l'**Université de Reims Champagne Ardenne**

Spécialité : **Génie Informatique, Automatique et Traitement du signal**

DETETION MAGNETIQUE DE MATERIAUX ENTERRES

Date de soutenance : 22 septembre 2009

Composition du jury :

Président	Pr. Claude MARCHAND
Rapporteur	Pr. Marie Cécile PERA
Rapporteur	Pr. Demba DIALLO
Examinateur	Dr. Larbi BEHEIM
Directrice de thèse	Pr. Danielle NUZILLARD

Thèse préparée au sein du
CReSTIC URCA

Table des matières

INTRODUCTION GENERALE

CHAPITRE I : PHYSIQUE DU MATERIAU MAGNETIQUE

I.1	Lois et principales propriétés des matériaux magnétiques.................	10
I.2	Comportement magnétique d'un matériau..	16
I.3	Matériau ferromagnétique doux..	19
I.4	Pertes dans le matériau...	30
I.5	Alliage magnétique..	31
I.6	Comparaison entre l'aluminium et l'alliage nanocristallin...................	37

CHAPITRE II : SYSTEME DE DETECTION ET DE CODAGE

II.1	Versions antérieures du système de détection.....................................	41
II.2	Nouvelle version du système de détection...	45

CHAPITRE III : OPTIMISATION DE LA GEOMETRIE DU CAPTEUR

III.1	Méthode de modélisation des champs...	66
III.2	Application au système de détection...	70
III.3	Résultat de la modélisation..	74
III.4	Distribution des Champs H et B..	81
III.5	Optimisation de l'encombrement du capteur......................................	81

CHAPITRE IV : MESURES EXPERIMENTALES

IV.1	Comportement du matériau..	86
IV.2	Mesure du cycle d'Hystérésis réel du matériau...................................	98
IV.3	Conception d'un code spécifique..	102
IV.4	Dimensionnement du marqueur..	106
IV.5	Reproductibilité des mesures faites sur le matériau............................	112
IV.6	Applications...	113

Introduction générale

Les travaux présentés dans cette thèse ont été réalisés au sein du laboratoire CReSTIC de l'université de Reims Champagne-ardenne. Le CReSTIC est structuré autour de trois groupes de recherche : Signal Image et Connaissance (SIC), automatique (Auto), Systèmes de communications (SysCom) et d'une équipe de recherche technologique interne. Le groupe SIC est divisé en trois thématiques qui abordent sous des angles multiples et complémentaires les divers aspects d'un axe scientifique commun intitulé « **des Données à la Décision Assistée** ».

L'une des thématiques de ce groupe est le Traitement d'Image et du Signal et l'Instrumentation (TSII). Au sein de cette thématique, un projet autour du contrôle non destructif est développé dans le cadre d'un partenariat industriel avec la société Plymouth Française. Cette société est spécialisée dans la fabrication de grillage avertisseur pour canalisation enterrée. Lors de la pose des canalisations souterraines, des indications correctes sur la localisation et la nature des fluides sont reportées sur des plans. Mais ceux-ci peuvent être imprécis ou incomplets.

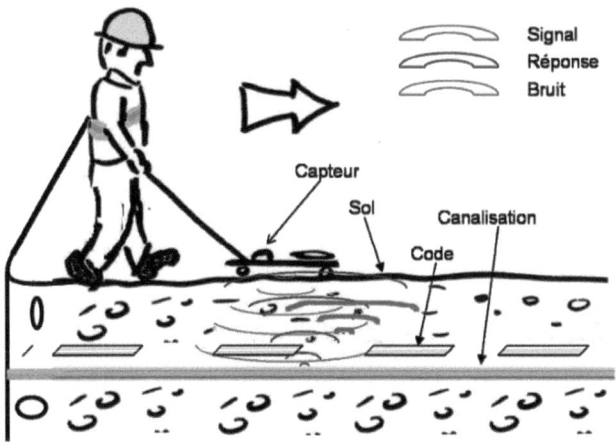

Schéma : Détection des canalisations enterrées sans excavation.

Notre contribution s'inscrit dans la continuité de travaux précédents développés au laboratoire dans le but de concevoir un système «intelligent » et fiable d'identification des canalisations enterrées sans excavation. Dans les travaux antérieurs le code enterré était réalisé en aluminium et le système de détection utilisait une balance d'induction. Pour ces nouveaux travaux, le code est réalisé en matériau magnétique. L'intérêt de ce matériau est qu'il possède une très grande perméabilité magnétique qui permet d'augmenter la profondeur de détection. Sa réponse est non-linéaire elle contient des composantes harmoniques propre au matériau. L'agencement des différents éléments magnétiques définit une famille de codes, qui compte-tenu de leur faible épaisseur sont intégrables dans le grillage avertisseur actuel utilisé pour les travaux publics et assure la compatibilité avec les normes existantes.

La dimension optimale du code, l'encombrement du capteur, ainsi que la fréquence de travail du détecteur sont des questions qui n'ont pas encore reçues de réponse satisfaisante. Ces trois aspects sont abordés dans ce document. D'abord la géométrie de l'élément de base du code est déterminée en tenant compte du champ démagnétisant du matériau. Ensuite les paramètres optimaux pour réduire l'encombrement du système de détection sont déterminés grâce aux simulations du champ d'excitation $\vec{H}$ créé par une bobine d'émission et du champ d'induction $\vec{B}$ généré en réponse par le code. Par ailleurs, la qualité de la réponse est améliorée en tenant compte de la non-linéarité de la caractéristique du matériau magnétique qui constitue le code. Les influences du champ magnétique terrestre et du champ démagnétisant du matériau dans le processus de détection ont été également prises en compte.

Cette thèse comprend quatre chapitres :

Dans le chapitre 1, intitulé : *"Comportement du matériau ferromagnétique"*, nous rappelons d'abord les bases de la physique des matériaux magnétiques, en particulier leurs lois et leurs caractéristiques principales, puis la structure et les propriétés spécifiques des matériaux ferromagnétiques. Cette étude est effectuée en vue de comprendre l'origine de leur comportement complexe : non-linéarité, cycle d'Hystérésis, anisotropie. Enfin, nous décrivons l'alliage ferromagnétique nanocristallin utilisé pour ce travail, sa structure et son principe de fabrication.

Le second chapitre, intitulé : *"Capteur et système de codage"*, décrit l'évolution du système de détection. Les versions antérieures de ce système sont d'abord présentées : le code enterré était réalisé en aluminium et le système de détection utilisait une balance d'induction. Ensuite, nous décrivons la particularité du système de détection utilisé durant

ces travaux et nous détaillons son dispositif électronique. Cette version nouvelle du système de détection se compose de trois parties :
- la partie matérielle comprenant les cartes d'acquisition, les amplificateurs, le codeur et son interface,
- la partie logicielle permettant la gestion de l'acquisition des données,
- la partie de conditionnement du signal afin d'identifier le code enterré.

Le troisième chapitre, intitulé : *"Optimisation du système de détection"*, a pour but de déterminer l'encombrement optimal du capteur : géométrie et dimension. Pour cela, les champs $\vec{H}$ et $\vec{B}$ ont été modélisés par la méthode DPSM afin d'estimer le lieu auquel l'excitation du marqueur est maximale par rapport au lieu d'émission.

Le dernier chapitre, intitulé : *"Mesures expérimentales"* : présente les résultats de nos travaux réalisés au laboratoire et des tests expérimentaux sur un cas concret. Les mesures réalisées au laboratoire permettent l'optimisation des paramètres physiques du système de détection. Elles permettent également de définir les *quanta* de matière et d'espace associés au code. L'influence de l'orientation du code par rapport au champ terrestre est mise en évidence en simulation, puis validée expérimentalement. Compte tenu du fait que le champ démagnétisant H_d dépend de l'aspect du matériau, sa forme est optimisée de manière à obtenir un champ de démagnétisant le plus faible possible, et par conséquence une perméabilité très élevée. Enfin des prototypes de capteur et des codes sont présentés, ainsi que la détection concrète des canalisations de gaz.

Un récapitulatif du plan général de ce document est présenté dans le tableau ci-dessous.

Introduction générale	
Chapitre 1 *Comportement du matériau Ferromagnétique*	- Magnétostatique du matériau. - Catégories des matériaux magnétiques. - Matériau ferromagnétique. - Structure physique du matériau ferromagnétique. - Processus d'aimantation. - Cycle d'Hystérésis (H_d, H_c, M_s, M_r). - Perte dans le matériau. - Alliage amorphe cristallin et alliage nanocristallin.
Chapitre 2 *Capteur et systèmes de codage*	- Capteur. - Système du codage. - Système d'acquisition. - Interface logicielle. - Conditionnement du signal.
Chapitre 3 *Optimisation du système de détection*	- Modélisation du champ. - Dimensionnement du capteur. - Evolution du champ.
Chapitre 4 *Mesures expérimentales*	- Comportement physique du matériau. - Cycle d'Hystérésis. - Système du codage. - Dimensionnement du marqueur. - Reproductibilité du matériau. - Application.
Conclusion générale	

Figure 1 : Récapitulatif du plan de la thèse

Définition des notations utilisées :

Nom	Signification	Unité
A	constante d'échange.	J/m
$\vec{B}$	induction magnétique.	Tesla (T) = 1 wb / m²
D	taille de grain de l'alliage FeSi.	
d	distance	
E	champ électrique ; densité d'énergie.	
F	force	
f	fréquence	Hz
$\vec{H}$	flux magnétique.	$A.m^{-1} = 4\pi.10^{-3}$ Oersted
H_C, H_d	champ coercitif, champ démagnétisant.	
I	courant électrique efficace.	
J	densité de courant électrique.	
K_i	constante d'anisotropie magnétocristalline.	
ε_0	permittivité du vide.	$8,8542.10^{-12} F/m$.
m	moment magnétique élémentaire.	A.m²
m_l, m_s	moment magnétique (orbital, spin).	
ℓ	nombre cinétique orbitale.	$0 < \ell \leq n-1$
M	aimantation.	
M_S, M_r	aimantation (à saturation, rémanente).	A/m
µ	perméabilité magnétique absolue.	
μ_0	perméabilité du vide.	$4\pi.10^{-7} H/m$
N	unité de volume d'un matériau.	
N_d	facteur démagnétisant.	
R	résistance électrique	
ρ	résistivité	
s	nombre cinétique de spin.	$s = \pm 1/2$
λ_s	magnétostriction.	
T_C	température de Curie.	K
Φ	flux magnétique	
χ	susceptibilité magnétique absolue.	$A.m^{-1} = 4\pi.10^{-3}$ Oersted
$\vec{J}$	Polarisation magnétique	

Chapitre I
Physique du Matériau Magnétique

Sommaire

I.1 Lois et principales propriétés des matériaux magnétiques............ 10
    I.1.1 Rappels des lois électromagnétiques................................... 10
    I.1.2 Excitation magnétique... 11
    I.1.3 Magnétostatique de la matière... 13

I.2 Comportement magnétique d'un matériau............................. 16
    I.1.2 Mise en équation du comportement................................. 17
    I.2.2 Classification des matériaux selon leurs propriétés magnétiques. 19

I.3 Matériau ferromagnétique doux.. 19
    I.3.1 Principe des configurations ferromagnétiques................... 19
    I.3.2 Structure d'un matériau ferromagnétique........................... 21
    I.3.3 Origines physiques de la structure ferromagnétique de Weiss..... 23
    I.3.4 Processus d'aimantation.. 27
    I.3.5 Analyse de la courbe d'aimantation.................................. 27
    I.3.6 Cycle d'Hystérésis.. 28

I.4 Pertes dans le matériau.. 30
    I.4.1 Perte par Hystérésis du matériau...................................... 30
    I.4.2 Perte par courants de Foucault. 30

I.5 Alliage magnétique... 31
    I.5.1 Alliage magnétique amorphe... 30
    I.5.2 Alliage magnétique nanocristallin.................................... 33

I.6 Comparaison entre l'aluminium et l'alliage nanocristallin.......... 37

Introduction

Les plus anciens objets magnétiques (perles tubulaires) ont été retrouvés dans des tombes sumériennes et égyptiennes au quatrième millénaire avant Jésus-Christ. Les chinois et les grecs de l'antiquité ont été les premiers à constater les propriétés que possèdent certaines pierres à attirer des objets contenant du fer. Ces objets en fer une fois mis en contact avec ces pierres acquéraient à leur tour le pouvoir d'attirer d'autres objets en fer. Ces pierres appelées « magnétite » sont constituées d'oxyde de fer.

Vers le 2ième siècle, les chinois ont exploité la propriété qu'a l'aiguille métallique aimantée de s'orienter constamment vers la même direction. Une boussole fonctionnant sur ce principe a été d'abord utilisée par les chinois, ensuite (transmise) par les arabes puis par les occidentaux. Les premiers traités de magnétisme ont été écrits vers 1 600 en Angleterre par William Gilbert. Charles Augustin de Coulomb a réalisé les premières mesures des forces magnétiques s'exerçant sur deux charges magnétiques, puis Hans Oersted (1777 – 1851) a établi le lien entre l'électricité et le magnétisme en observant que l'aiguille magnétique est déviée par un courant parcourant un fil conducteur situé à proximité de cette aiguille. William Thomson (1857-1907) a découvert l'effet magnétorésistance, c'est à dire la propriété qu'ont certains matériaux de présenter une résistance qui évolue lorsqu'ils sont soumis à un champ magnétique. Enfin les physiciens Samuel Abraham Goudsmit et George Eugène (1925) Uhlenbeck ont montré que l'électron se comporte comme un aimant.

L'utilisation des matériaux magnétiques a permis de nombreuses applications parmi lesquelles on peut citer : le moteur électrique, le transformateur, les freins à lévitation, les trains à lévitation (Japon), les outils de communication (le micro, le haut-parleur), les moyens de stockage de l'information (les ferrites, les bandes magnétiques, CD, DVD, …), et l'augmentation des capacités des disques durs, des mémoires de type flash magnétique.

Parmi les matériaux magnétiques, on remarque :

- les matériaux diamagnétiques faiblement aimantés dans le sens opposé au champ magnétisant et dont l'aimantation cesse si le champ magnétisant est supprimé.
- les matériaux paramagnétiques faiblement aimantés dans le sens du champ magnétisant et dont l'aimantation cesse si le champ magnétisant est supprimé.
- les matériaux ferromagnétiques fortement magnétisés dont l'aimantation persiste si le champ magnétisant est supprimé.

L'alliage magnétique nanocristallin est un matériau ferromagnétique doux (dont le cycle d'Hystérésis est étroit). Il est très étudié pour des applications en électrotechnique tels que les électro-aimants, les machines électriques, les transformateurs... C'est ce type de matériau que nous avons mis en œuvre dans les travaux présentés dans ce document.

Ce premier chapitre a pour objectif de fournir les éléments de base nécessaires pour comprendre le comportement des matériaux magnétiques et plus particulièrement des alliages magnétiques nanocristallins. Pour cela nous rappelons d'abord les lois et les propriétés principales des matériaux magnétiques. Puis, nous abordons le comportement magnétique d'un matériau ferromagnétique permettant de comprendre le processus d'aimantation, la structure physique et les propriétés spécifiques du matériau ferromagnétique (*analyse de la courbe d'aimantation, cycle d'Hystérésis, perte du matériau*). Ensuite, nous présentons les familles de matériaux ferromagnétiques doux : l'amorphe cristallin et l'alliage nanocristallin (FeSiCuNbB). Nous terminons en décrivant la fabrication des alliages amorphes nanocristallins.

I.1 Lois et principales propriétés des matériaux magnétiques

Dans un système magnétique comportant à la fois des courants donnés et des matériaux dont on connaît la courbe d'aimantation, le problème est la détermination des champs et de l'aimantation. Dans la littérature le champ d'excitation est noté par $\vec{H}$, l'induction magnétique par $\vec{B}$ et l'aimantation par $\vec{M}$.

I.1.1 Rappels des lois électromagnétiques

Les équations de Maxwell regroupent les lois de base de l'électromagnétisme. Elles relient les grandeurs vectorielles $\vec{H}$, $\vec{B}$, $\vec{D}$ et $\vec{E}$ aux grandeurs $\vec{J}$ et ρ, [LL67],[Fay79],[DL02].

$\vec{\nabla}.\vec{B} = 0$ (équation de conservation du flux magnétique)

$\vec{\nabla}.\vec{D} = \rho$ (équation de Maxwell-Gauss)

$\vec{\nabla} \otimes \vec{E} = -\dfrac{\partial \vec{B}}{\partial t}$ (équation de Maxwell-Faraday)

$$\vec{\nabla} \otimes \vec{H} = \vec{J} + \frac{\partial \vec{D}}{\partial t} \quad \text{(équation de Maxwell-Ampère)}$$

où $\vec{B}$ est le vecteur d'induction magnétique, $\vec{D}$ le vecteur de déplacement de courant, $\vec{E}$ le vecteur de champ électrique et $\vec{H}$ le vecteur de champ d'excitation, $\vec{J}$ le vecteur de densité de courant, ρ la densité de charge électrique et $\vec{\nabla}$ l'opérateur vectoriel qui indique de quelle façon une grandeur physique varie dans l'espace.

Les équations relatives au milieu (ou au matériau) sont :

$$\vec{B} = \mu \vec{H}$$
$$\vec{D} = \varepsilon \vec{E}$$
$$\vec{J} = \sigma \vec{E}$$

où µ est la perméabilité magnétique, ε la permittivité électrique et σ la conductivité électrique. La perméabilité magnétique est la faculté d'un matériau à modifier un champ magnétique $\vec{B}$, c'est-à-dire à modifier les lignes de flux magnétique.

Aux basses fréquences, les termes variables sont négligeables (approximation quasi-statique), les équations se ré-écrivent comme suit :

$$\vec{\nabla} \cdot \vec{B} = 0$$
$$\vec{\nabla} \cdot \vec{D} = \rho$$
$$\vec{\nabla} \otimes \vec{E} = 0$$
$$\vec{\nabla} \otimes \vec{H} = \vec{J}$$

1.1.2 Excitation magnétique

L'excitation magnétique $\vec{H}$ (en A.m^{-1}) ne dépend que du circuit extérieur qui crée le champ magnétique. Pour un solénoïde de longueur ℓ très grand, comportant N spires parcourues par un courant d'intensité I :

$$\vec{H} = \frac{N.\vec{I}}{\ell} \quad (1.1)$$

Dans le vide nous avons :

$$\vec{B_0} = \mu_0.\vec{H} \tag{1.2}$$

Dans un matériau magnétique, l'induction magnétique dépend de la perméabilité du matériau.

$$\vec{B} = \mu.\vec{H} \tag{1.3}$$

où $\mu = \mu_0.\mu_r(\vec{H})$ est la perméabilité absolue du matériau. μ_0 est une constante universelle et μ_r dépend de l'excitation $\vec{H}$.

Les effets magnétostatiques sont décrits par :

Loi de Biot et Savart

L'induction magnétique $\vec{B}$ créée par une boucle de courant (C) parcourue par un courant I s'exprime par :

$$\vec{B} = \frac{\mu_0}{4\pi} \int_C \frac{\vec{I.dl}}{r^2} \frac{\vec{r}}{r} \tag{1.4}$$

où $\mu_0 = 4\pi.10^{-7} H/m$, r est la distance entre le point P de la boucle (C) et le point M auquel on observe l'induction, $\vec{dl}$ est un accroissement élémentaire du chemin du courant orienté dans le sens du courant I.

Si au point d'observation M, il n'y a pas de courant, l'induction magnétique $\vec{B}$ dérive d'un potentiel scalaire A.

$$\vec{B}(r) = -\vec{grad}(\mu_0 A) \tag{1.5}$$

Loi de Laplace

En présence d'une induction magnétique $\vec{B}$, un élément de circuit $\vec{dl}$ parcouru par un courant I est soumis à une force $\vec{dF}$:

$$\vec{dF} = I\vec{dl} \otimes \vec{B} \tag{1.6}$$

Théorème d'Ampère :

La circulation de B le long d'un contour fermé (C) est égale au produit de μ_0 par la somme des courants I_i entourés par (C) tel que :

Chapitre I : Physique du Matériau Magnétique

$$\oint_\Gamma \vec{B}.dl = \mu_0 I \qquad (1.7)$$

Compte-tenu que $\vec{H} = \dfrac{\vec{B}}{\mu_0}$, on pose I= somme Ii, la relation (1.7) s'écrit :

$$\oint_\Gamma \vec{H}.dl = I \qquad (1.8)$$

Dans la matière, H s'écrit $\vec{H} = \dfrac{\vec{B}}{\mu_0} - \vec{M}$ ce qui donne :

$$\vec{B} = \mu_0 (\vec{H} + \vec{M}) \qquad (1.9)$$

I.1.3 Magnétostatique de la matière

Un matériau magnétique est caractérisé d'abord par l'existence en son sein de moments magnétiques locaux dont la sommation sur une direction donnée fournit ce que l'on appelle couramment l'aimantation du matériau [Dur68].

Aimantation magnétique

Pour un circuit filiforme (C), parcouru par un courant I, on définit le moment magnétique par :

$$\vec{m} = \frac{1}{2} \int_v \vec{r} \otimes \vec{j}(\vec{r}) dv \qquad (1.10)$$

où dv est l'élément de volume, r est le vecteur qui joint le point P sur le circuit (C) au point M (figure 1.1).

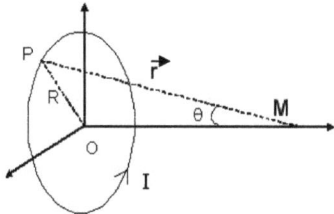

Figure 1.1 circuit filiforme (c).

Le moment magnétique apparaît formellement comme l'analogue du moment cinétique. Ainsi, un matériau magnétique présente les mêmes caractéristiques qu'un moment magnétique associé à une boucle de courant [HH+66]. Si le matériau est constitué

14 Chapitre I : Physique du Matériau Magnétique

d'atomes de type i de moment magnétique $\vec{m}_i$ (en A. m²) au nombre de N_i par unité de volume, le module de l'aimantation $\vec{M}$ (A/m) est donné par :

$$\vec{M} = \sum_i N_i . \vec{m}_i \qquad (1.11)$$

La distribution d'aimantation ($\vec{M}$) engendre les champs $\vec{B}$ et $\vec{H}$. Dans le vide la relation entre $\vec{B}$ et $\vec{H}$ résulte d'un théorème général, théorème attribué à Helmotz [PP56], de sorte que :

$$\vec{M} = -\mu_0 \vec{H} + \vec{B} \qquad (1.12)$$

Par contre dans la matière, ces deux champs ont des orientations pratiquement opposées. En effet, comme l'illustre la figure 1.2 dans le cas d'un cylindre uniformément aimanté [BFR84], le champ $\vec{H}$ dont l'orientation s'oppose à $\vec{M}$ est qualifié pour cette raison de champ démagnétisant H_d de sorte que :

$$\vec{H}_d = -N\vec{M} \qquad (1.13)$$

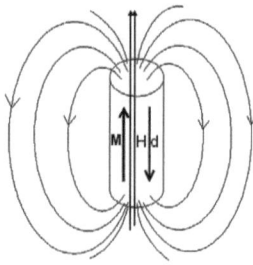

Figure 1.2 Exemple : $\vec{H}_d$ et $\vec{M}$ respectivement champ démagnétisant et moment magnétique d'un cylindre axial.

Coefficient du champ démagnétisant

15   Chapitre I : Physique du Matériau Magnétique

On peut montrer que dans le cas d'un matériau ayant la forme d'un ellipsoïde [1] uniformément aimanté [LL90], $\vec{M}$ dans le matériau est également uniforme et constante.

Le champ démagnétisant dans un ellipsoïde uniformément aimanté peut alors s'écrire :

$$\vec{H}_d = -\|N\|.\vec{M} \qquad (1.14)$$

où $\|N\|$ est la matrice représentative du tenseur diagonal des coefficients de champ démagnétisant telle que :

$$N_{XX} + N_{YY} + N_{ZZ} = 1 \qquad (1.15)$$

Pour calculer le champ démagnétisant d'un matériau allongé (ruban) dont l'aimantation est orientée suivant l'un de ces axes (Fig. 1.3), nous allons l'assimiler à un ellipsoïde allongé de révolution de longueur c selon l'axe de révolution z et de diamètre a perpendiculaire à cet axe, on a [Fay79] :

$$N_{ZZ} = \frac{1}{r^2 - 1}\left[\frac{r}{\sqrt{r^2 - 1}}\ln(r + \sqrt{r^2 - 1} - 1)\right] \qquad (1.16)$$

où N_{ZZ} s'appelle le coefficient de champ démagnétisant de l'ellipsoïde suivant l'axe de révolution Z, r = c/a > 1.

$$N_{XX} = N_{YY} = 1 - N_{ZZ}/2 \qquad (1.17)$$

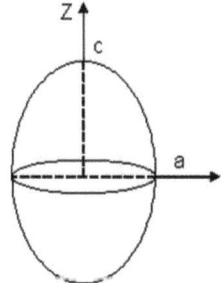

Figure 1.3 Cas d'un ellipsoïde allongé

---

[1] C'est la seule forme d'échantillon pour laquelle en tout point intérieur, J uniforme entraîne $\vec{B}$ et $\vec{H}$ uniformes

Pour un ellipsoïde de révolution très allongé (r ≥12). On peut utiliser l'expression approchée suivante [PB97] :

$$N_{ZZ} = \frac{1}{r^2}[\log r - 0.307] \qquad (1.18)$$

On introduit ainsi la perméabilité apparente qui rend compte de la perméabilité relative du matériau magnétique et aussi le coefficient de champ démagnétisant N_{ZZ} :

$$\mu_{app} = \frac{\mu_r}{1+(\mu_r -1)N_{ZZ}(r)} \qquad (1.19)$$

Remarquons que si $(\mu_r-1) N_{ZZ}(r) \gg 1$, l'expression de la perméabilité apparente devient :

$$\mu_{app}(r) \cong \frac{1}{N_Z(r)} \qquad (1.20)$$

Ce qui suggère que pour augmenter la perméabilité apparente, il faut réduire le coefficient de champ démagnétisant par l'augmentation du rapport r : soit en augmentant la longueur soit en réduisant le diamètre.

I.2   Comportement magnétique d'un matériau

Dans l'édifice atomique, chaque particule élémentaire apporte sa contribution au moment magnétique de l'atome. La contribution du noyau atomique est toujours négligeable et le moment magnétique de l'atome dépend essentiellement de la somme des moments des électrons. Si nous considérons un ion isolé d'un matériau et un électron appartenant à une couche atomique quelconque, l'électron décrit une trajectoire autour du noyau et celle-ci peut être associée à une boucle de courant, donc à un moment magnétique orbital m orienté perpendiculairement à la trajectoire comme le montre la figure 1.4. L'électron possède aussi un moment cinétique intrinsèque de spin dû à sa rotation sur lui-même auquel est associé un moment magnétique intrinsèque.

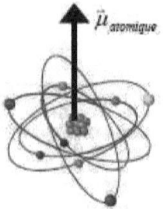

Figure 1.4 Moment élémentaire atomique

Le moment magnétique de l'ion tient compte du remplissage des couches atomiques de telle sorte que les matériaux magnétiques peuvent être classés en trois catégories décrites co-dessous.

Diamagnétisme Les couches sont remplies et la somme des moments cinétiques orbitaux et des moments cinétiques de spin est nulle. L'ion ne possède pas de moment magnétique. Si un champ magnétique externe est appliqué à un tel ion, il se crée un moment magnétique induit qui s'oppose au champ : son aimantation induite par le champ est très faible et opposée à ce dernier.

Paramagnétisme En présence d'un champ externe, la projection du moment magnétique sur la direction de ce champ n'est pas nulle. En l'absence de champ, les orientations des moments magnétiques des particules sont aléatoires et en moyenne nulle.

Ferromagnétique Lorsque le matériau est excité par un champ d'incidence $\vec{H}$, ses moments magnétiques atomiques sont orientés dans le même sens sur de petits domaines cristallins (interaction de proche en proche entre les atomes). Après la suppression progressive de ce champ, le matériau conserve une aimantation (figure 1.5).

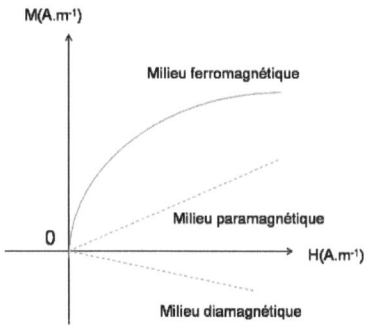

Figure 1.5 Représentation qualitative du comportement magnétique du matériau

I.2.1 Mise en équation du comportement

Si le dipôle est soumis à un champ magnétique externe $\vec{H}$, il réagit en créant un moment magnétique interne (aimantation) $\vec{M}(\vec{H})$. Les contributions magnétiques externe et interne s'ajoutent vectoriellement pour créer une induction magnétique externe résultante $\vec{B}$:

$$\vec{B} = \mu \vec{H} \qquad (1.21)$$

où μ est la perméabilité magnétique du matériau. Elle s'exprime par le produit de la perméabilité du vide μ_0 et de la perméabilité relative du matériau μ_r :

$$\mu = \mu_0 . \mu_r \qquad (1.22)$$

où μ_0 est la constante universelle qui vaut $4.\pi.10^{-7}$, et μ_r dépend du matériau. En général μ_r ≤1 pour les matériaux diamagnétiques, $\mu_r \geq 1$ pour les matériaux paramagnétiques et μ_r >>1 et non linéaire pour les matériaux ferromagnétiques.

En général la perméabilité est la faculté d'un matériau à modifier les lignes de flux magnétique. Lorsque la perméabilité du matériau augmente, la 'force d'attraction des lignes de champ' dans le matériau augmente et il concentre le champ. La figure 1.6 montre que, seul le matériau ferromagnétique peut canaliser les lignes du champ grâce à sa perméabilité relative.

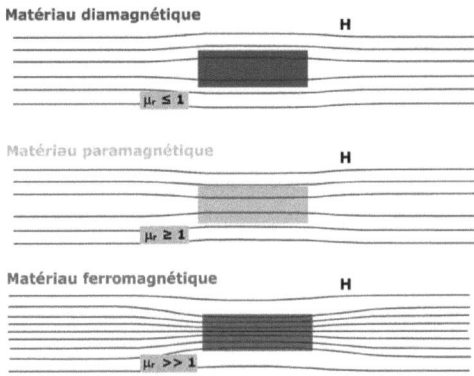

Figure 1.6 canalisation des lignes du champ en fonction de la perméabilité [2]

A la notion de susceptibilité on déduit que :

$$\mu_r = 1 + \chi \qquad (1.23)$$

---

[2] Source : http://upload.wikimedia.org/wikipedia/commons/e/e6/Permeabilite_magnetique.gif.

Chapitre I : Physique du Matériau Magnétique

où χ est la susceptibilité magnétique du matériau.

Si χ est faible et négative le matériau a un comportement linéaire, c'est un matériau diamagnétique ; χ est faible et positive le matériau a un comportement linéaire, c'est un matériau paramagnétique. Si χ est élevée et positive et dépend des valeurs antérieures de $\vec{H}$, le matériau a un comportement non linéaire, c'est le cas des matériaux ferromagnétiques. χ est aussi indépendante de la température si le matériau est diamagnétique alors qu'elle dépend de la température si le matériau est paramagnétique ou ferromagnétique.

I.2.2 Classification des matériaux selon leurs propriétés magnétiques

Les matériaux magnétiques sont généralement séparés en deux classes : les matériaux durs (aimants permanents) et les matériaux doux. Le matériau doux sature avec un champ d'excitation très faible alors que le matériau dur requiert un fort champ d'excitation. La sous-section suivante présente les propriétés et les caractéristiques des matériaux doux.

I.3 Matériau ferromagnétique doux

Afin de mieux connaître le matériau dont nous disposons, une étude physique pour cerner ses caractéristiques et ses paramètres magnétiques s'est imposée. Les propriétés magnétiques s'expliquent essentiellement par la structure électronique des métaux (annexe I).

I.3.1 Principe des configurations ferromagnétiques

A l'échelle microscopique (atomique), lorsqu'un champ magnétique est appliqué, l'orientation de l'aimantation est perturbée et par conséquent la circulation des électrons, ceci modifie la résistivité du matériau. Il existe une interaction entre les aimants issus des boucles de courant atomique individuelles qui tend à les aligner suivant une même direction. Cette tendance à l'orientation s'oppose à l'agitation thermique qui la détruit à la température de Curie T_C [3].

Interaction d'échange

L'interaction d'échange est une interaction d'origine électrostatique, chaque moment élémentaire est soumis aux actions produites par l'ensemble des moments élémentaires

---

[3] Pour chaque matériau magnétique, il existe une température au-dessus de laquelle il perd ses propriétés magnétiques, il s'agit de la température de Curie T_C.

environnants. Elle s'atténue très vite avec la distance, c'est une interaction à courte distance.

Dans les matériaux ferromagnétiques où l'interaction d'échange tend à aligner les moments parallèlement les uns aux autres, elle favorise une aimantation uniforme. L'énergie associée à cette interaction peut s'exprimer en fonction des moments magnétiques m$_i$ et m$_j$ de deux atomes voisins i et j de la façon suivante [Née44] :

$$e_{ij} = -\mu_0 n_{ij} m_i m_j \qquad (1.24)$$

Selon que le coefficient n_{ij} est positif ou négatif, les moments magnétiques m_i et m_j ont tendance à s'orienter respectivement parallèlement ou antiparallèlement. L'énergie d'échange $E_{éch}$ par unité de volume s'écrit alors (en effectuant les sommations sur le volume unité) :

$$E_{éch} = -\frac{\mu_0}{2} \sum_{i,j \neq i} n_{ij} m_i m_j \qquad (1.25)$$

Le facteur ½ provient du fait que dans la sommation sur {i,j} l'interaction de chacune des paires est prise deux fois.

Interaction dipolaire magnétique

Chaque moment magnétique du matériau subit de la part des autres moments, une interaction dipolaire magnétique. On définit l'énergie d'interaction dipolaire E_d entre deux dipôles i et j de moments magnétiques m_i et m_j placés en r_i et r_j par l'expression :

$$E_d = -m_i B_{ij} = -m_j B_{ji} = -(m_i B_{ij} + m_j B_{ji})/2 \qquad (1.26)$$

B_{ij} et B_{ji} sont les inductions créées respectivement en r_i par m_j et en r_j par m_i. Dans le cas général d'un ensemble quelconque de n dipôles et de moments m_i placés en r_i (i=1,2,...., n), l'énergie dipolaire est égale à :

$$E_D = -\frac{1}{2} \sum_{i,j \neq i} m_i B_{ij} \qquad (1.27)$$

Compétition entre l'interaction d'échange et l'interaction dipolaire

Les interactions d'échange $E_{éch}$ et de couplage dipolaire E_d visant des objectifs opposés ne peuvent être totalement satisfaites en même temps. La coexistence de ces interactions s'organise grâce au fait que chacune possède sa zone d'influence privilégiée : le proche voisinage pour l'échange et les régions plus éloignées pour les interactions dipolaires. Dans l'alliage ferromagnétique doux la transition entre deux zones d'aimantation uniforme procède par rotation progressive des moments magnétiques sur une distance caractéristique dite longueur d'échange $(l_{éch})$. On définit cette distance typique, par le rapport des racines carrées des énergies caractéristiques mises en jeu :

$$l_{éch} = (A_{éch} / \mu_0 M_s^2)^{1/2} \qquad (1.28)$$

le coefficient ($A_{éch}$ en joules par mètre) caractérise l'intensité des interactions d'échange au sein du matériau, il s'écrit [NK] :

$$A_{éch} = \mu_0 (wM_s^2 / 12)\xi^2 \qquad (1.29)$$

où w est le coefficient d'échange dans le modèle du champ moléculaire, ξ est la distance entre les atomes voisins et M_s est l'aimantation spontané[4].

I.3.2 Structure d'un matériau ferromagnétique

Dans la physique quantique du matériau, l'électron possède un moment magnétique élémentaire qui peut être associé à l'image de son mouvement de rotation du spin sur lui-même. Chaque atome peut être assimilé à un petit aimant porteur d'un moment magnétique élémentaire. De nombreux moments magnétiques peuvent, à une échelle *mésoscopique*[5], constituer des domaines magnétiques, appelée domaines de Weiss (hypothèse de P. Weiss (1865-1940)), dans lesquels tous ces moments sont orientés dans la même direction. Chaque domaine possède une aimantation spontanée, mais d'un domaine à l'autre l'aimantation résultant n'a pas la même direction, de sorte qu'au niveau macroscopique il n'y a plus de moment résultant (Fig. 1.7). Cette hypothèse lui a permis de retrouver l'ensemble des propriétés magnétiques des matériaux ferromagnétiques.

---

[4] sachant qu'un matériau ferromagnétique (en l'absence de champ) possède une aimantation spontanée.
[5] est une échelle intermédiaire entre l'échelle atomique et l'échelle macroscopique.

22   Chapitre I : Physique du Matériau Magnétique

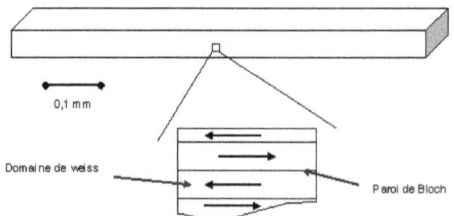

Figure 1.7 Structure en domaines des moments magnétiques.

Cette structure est à une échelle intermédiaire entre l'échelle atomique et l'échelle macroscopique [AB04]. A l'intérieur de chaque domaine, tous les moments magnétiques atomiques sont parallèles et aimantés à saturation en permanence. Entre deux domaines adjacents, l'orientation de l'aimantation varie continûment dans une région de transition appelée paroi de Bloch qui permet de réduire autant que possible l'énergie mise en jeu aux frontières entre domaines (Fig. 1.7).

Si deux domaines voisins se trouvent en contact direct, l'orientation des moments magnétiques, pris deux à deux à leur frontière, présente un angle important. Une forte augmentation de l'énergie d'échange en résulte et elle est d'autant plus élevée que la constante d'échange ($A_{éch}$) est grande.

À l'inverse, si la transition angulaire des aimantations entre domaines voisins se répartit sur un très grand nombre d'atomes (de sorte que l'angle entre deux moments adjacents est très faible), l'énergie d'échange est réduite. La largeur de paroi réelle est définie par le rapport $A_{éch}/K$ où K est la constante d'anisotropie qui dépend de la température [SH91], [BF32]. Donc, la largeur de paroi est d'autant plus large que ce rapport est grand (Fig. 1.8).

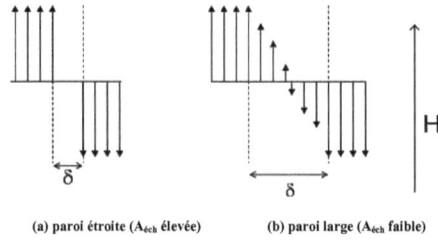

(a) paroi étroite ($A_{éch}$ élevée)   (b) paroi large ($A_{éch}$ faible)
Figure 1.8 Largeur de paroi.

Dans les cristaux de symétrie cubique, les parois à 180° et 90° peuvent se former dans les matériaux dont les axes de facile aimantation sont du type <100>. La figure 1.9 illustre une configuration que L. Néel a appelée domaine de fermeture (DFN).

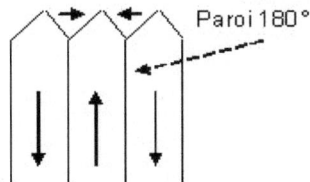

Figure 1.9 Structure en domaines des fermetures.

I.3.3   Origines physiques de la structure ferromagnétique de Weiss

L'origine physique de la structure de Weiss est un équilibre entre les différentes énergies à l'intérieur du matériau. Ces principales énergies sont :

Énergie magnétostatique E_{ms}

L'énergie magnétostatique est un terme purement *macroscopique*. Elle est liée à la forme de l'échantillon. Le déplacement des parois entraîne des perturbations locales de l'aimantation. A la saturation, l'énergie magnétostatique E_{ms} dans l'échantillon est donnée par :

$$E_{ms} = \mu_0 \int_0^{M_s} \left(\vec{H} - N_d \vec{M} \right) . d\vec{M} \qquad (1.30)$$

où $\vec{H}$ représente le champ extérieur appliqué, $\vec{M}$ l'aimantation, N_d le facteur démagnétisant et M_S l'aimantation à la saturation.

Dans la configuration (a) de la figure 1.10, l'énergie d'échange est très faible mais elle s'accompagne d'une énergie magnétostatique importante car les pôles positifs et les pôles négatifs sont éloignés les uns des autres. Par contre dans le cas des configurations (b et c), l'alternance entre les pôles positifs et négatifs est plus dense, l'énergie magnétostatique est diminuée tandis que l'énergie d'échange augmente.

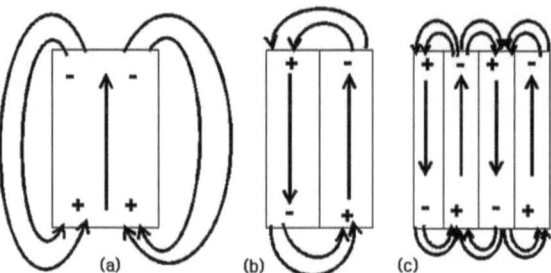

Figure 1.10 Exemple: configurations en domaines magnétiques.

Les domaines de Weiss naissent spontanément de la compétition entre l'énergie d'échange d'une part et l'énergie magnétostatique d'autre part qui s'oppose à l'apparition de pôles positifs et négatifs bien localisés. L'énergie magnétostatique est d'autant plus réduite que la taille des domaines est plus faible, mais cette réduction s'accompagne d'une augmentation de l'énergie d'échange. Il se crée donc un équilibre qui limite le nombre de domaines.

Énergie d'anisotropie magnéto-cristalline E_{anis}

L'énergie anisotropique microscopique ainsi déduite de la mesure de l'aimantation est associée à l'orientation préférentielle des axes cristallins dits "direction de facile aimantation". Cette énergie anisotropique a sa source dans le couplage spin-orbite et elle est inversement proportionnelle à la symétrie du matériau, c'est à dire que plus le degré de symétrie est élevé, plus l'intensité de l'énergie anisotropique est faible. Si le matériau magnétique a une anisotropie négligeable c'est que les moments qui le composent peuvent s'orienter facilement dans une direction quelconque sous l'effet d'un champ appliqué, il est intéressant donc de minimiser l'énergie d'anisotropie pour augmenter la perméabilité du matériau [HPZ73], [ABC78].

Pour le fer, qui est au niveau atomique s'organise en cristal cubique centré. L'alignement des moments magnétique se fait dans des directions présentant une grande densité d'atomes : direction de type (100) appelée aussi direction de facile aimantation. En pratique, la densité de l'énergie anisotropique s'écrit :

$$E_{anis} = K_1(\alpha_1^2\alpha_2^2 + \alpha_2^2\alpha_3^2 + \alpha_3^2\alpha_1^2) + K_2\left(\alpha_1^2\alpha_2^2\alpha_3^2\right) \quad (1.31)$$

où ($\alpha_1, \alpha_2, \alpha_3$) sont les cosinus directeurs de l'aimantation par rapport aux axes cubiques (Fig. 1.11) et (K_1, K_2) sont les constantes d'anisotropie du matériau exprimées en énergie par unité de volume. K_i et α_i dépendent de la température et de la composition des alliages [Ger78].

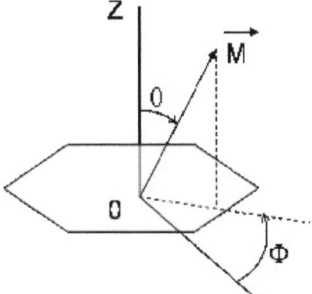

Figure 1.11 définition des angles θ et Φ dans un cristal de structure hexagonale
(θ : M avec l'axe du cristal ; Φ : M sur le plan de base avec une direction de référence).

Cas de symétrie cubique : une variation maximale de l'aimantation à la saturation est observée entre les directions cristallographiques <111> et <100>. Ainsi, si nous étudions l'aimantation d'un monocristal de fer (système cubique centré) (Figure 1.12), il s'aimante plus facilement dans la direction <100> et plus difficilement dans la direction <111> [HK26].

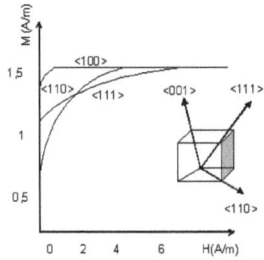

Figure 1.12 Courbe d'aimantation d'un monocristal de fer (symétrie cubique).

Énergie de paroi E_p

La notion d'épaisseur de paroi est induite par la modification locale de l'énergie d'échange et de l'énergie d'anisotropie magnéto-cristalline. A chaque fois qu'une paroi se crée, E_{ms} diminue mais $E_{éch}$ et E_{anis} augmentent (Fig. 1.8). Ces parois de Bloch sont caractérisées par :

$$\sigma_p = \pi\sqrt{A_{éch}.K}, \quad \delta = \pi\sqrt{\frac{A_{éch}}{K}} \qquad (1.32)$$

δ est l'énergie locale qui donne la configuration des moments. L'augmentation de cette énergie est évaluée par rapport à l'état de saturation, et elle est donnée par unité de surface (énergie superficielle). Cette énergie locale dépend des constantes d'échange ($A_{éch}$) et d'anisotropie (K) du matériau, de même, l'épaisseur δ dépend aussi des constantes d'échange et d'anisotropie. Donc, plus le rapport $A_{éch}/K$ est grand, plus les parois sont larges. L'application d'un champ magnétique extérieur modifie les configurations micro-magnétiques, et donc les caractéristiques des parois.

Énergie magnéto-élastique E_σ

Les processus d'aimantation s'accompagnent d'une déformation spontanée du réseau atomique qui va induire une énergie d'anisotropie. Il s'agit souvent de déformation très faible. Ces déformations induisent des contraintes élastiques de compatibilité dans chaque domaine. L'existence de contraintes et de déformations dans le cristal fait apparaître une énergie de type élastique. Cette énergie, notée E_σ, est donnée par :

$$E_\sigma = -\frac{3}{2}.\lambda_s.\sigma.\cos^2 \theta \qquad (1.33)$$

où θ représente l'angle entre l'aimantation à saturation (matériau aimanté à saturation) et la contrainte appliquée. λ_S, appelé coefficient de magnétostriction à saturation, représente l'allongement relatif maximal du matériau lorsque que celui-ci est sous l'effet d'une aimantation à saturation. Dans les matériaux ferromagnétiques de structure cristallographique cubique, la présence de l'aimantation spontanée réduit la symétrie du cristal [PB97, page 104]. Par exemple dans la figure I.13 la polarisation magnétique $\vec{J}_s$ est parallèle à un axe quaternaire et elle entraîne un allongement dans cette même direction.

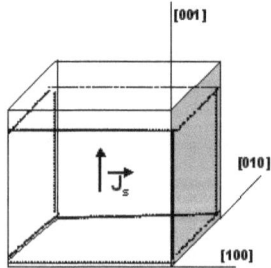

Fig. I.13 Déformation magnétoélastique spontanée d'un cristal cubique (fer).

I.3.4 Processus d'aimantation

Quand un champ magnétique est appliqué sur un matériau, les domaines ont tendance à s'aligner avec ce champ appliqué comme le montre la figure 1.14.

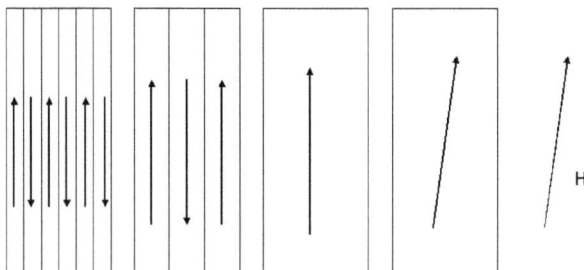

Fig. 1.14 Processus d'aimantation (déplacement des parois).

L'alignement peut s'effectuer de la façon suivante. En premier lieu, un domaine orienté dans le sens du champ appliqué peut grossir aux dépens des domaines voisins. Le passage de l'alignement d'un domaine à celui du voisin est progressif à travers la paroi. Les spins situés dans la paroi jouxtant le domaine aligné modifient leur orientation et s'alignent avec ceux du cœur du domaine, ce qui contraint les spins voisins à modifier leur alignement.

Lorsqu'une paroi se déplace de δ_x en présence d'un champ $\vec{H}$, l'aimantation passe de $-M_s$ à $+M_s$ sur un volume donné. La paroi subit donc une pression effective tendant à la déplacer de façon à augmenter le volume du domaine d'aimantation parallèle au champ (Fig. 1.14).

Lorsque l'épaisseur fluctue de δ, deux effets contribuent à modifier l'énergie de la paroi :
- la variation de superficie,
- la variation d'énergie par unité de surface, liée à la variation de constante d'anisotropie.

I.3.5 Analyse de la courbe d'aimantation

Les alliages nanocristallins ont pour rôle de canaliser et d'augmenter le flux magnétique. Ils sont caractérisés par une courbe dite d'aimantation et un cycle d'Hystérésis. La figure 1.15 montre une courbe d'aimantation dans laquelle on distingue trois zones [PCF02].

Chapitre I : Physique du Matériau Magnétique

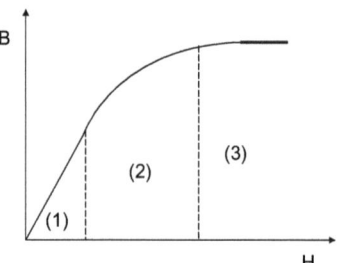

Figure 1.15 Courbe d'aimantation.

La zone (1) : pour des valeurs faibles de l'excitation $\vec{H}$, le flux croît linéairement en fonction du courant $\vec{B} = \mu_0.\vec{H}$,

La zone (2) : pour des valeurs un peu plus élevées de $\vec{H}$, le flux croît beaucoup plus vite que le courant : il n'y a pas de proportionnalité,

La zone (3): pour des excitations fortes, le flux augmente lentement avec l'augmentation du courant. La quantité $M = M_s$ est appelée aimantation à la saturation.

I.3.6   Cycle d'Hystérésis

L'aimantation de l'alliage dépend du champ magnétique appliqué, elle est caractérisée par son cycle d'Hystérésis (Fig. 1.16). Celui-ci, se manifeste par une croissance puis décroissance du champ magnétique extérieur, après une première aimantation, amenant celle-ci à la saturation M_s et passant par un état où l'aimantation est nulle pour certaines valeurs du champ extérieur appelé "champ coercitif" H_C. La surface de ce cycle représente l'énergie perdue par le processus d'aimantation.

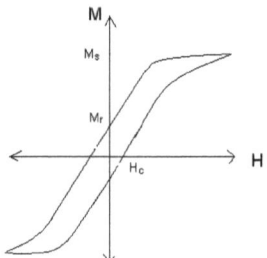

Figure 1.16 Cycle d'Hystérésis.

29   Chapitre I : Physique du Matériau Magnétique

Champ coercitif H_C

Si $H_C \leq 10^2 \, A/m$, le matériau est qualifié de "matériau doux", et pour $H_C \geq 10^4 \, A/m$ le matériau est qualifié de "matériau dur". La propriété « doux » du matériau ferromagnétique est définie par le champ coercitif du matériau. Hoffmann a montré la dépendance du champ coercitif H_C à la microstructure du matériau et plus précisément à la taille des grains cristallins [MA05], [Her90], [MM+03], voir équation 1.34.

$$H_C = \frac{K^4}{4\pi\mu_s A^3} D^6 \qquad (1.34)$$

Si H$_C$ est faible, le diamètre D de grain est petit. De même si H$_C$ est élevé, le diamètre D de grain est élevé. Le champ coercitif H$_C$ désigne l'intensité du champ magnétique qu'il est nécessaire d'appliquer à un matériau ferromagnétique ayant initialement atteint son aimantation à saturation pour annuler cette aimantation.

Coefficient d'orientation

Le coefficient d'orientation du matériau (M_r/M_s) est défini comme le rapport entre l'orientation rémanente et l'aimantation à la saturation. Pour un matériau isotrope dont les cristallites sont orientées selon des directions différentes, le coefficient d'orientation est proche de 50%. Pour un matériau dont les cristallites sont idéalement orientées selon une direction unique, le coefficient d'orientation est proche de 100% (Figure 1.17) [DTDLa00]. Il donne une indication sur la distribution des orientations des aimantations locales autour de la direction moyenne.

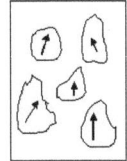
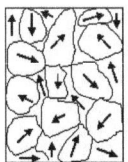

(a) une direction unique M$_r$/M$_s$ ≈ 100%   (b) plusieurs directions Mr/Ms ≈ 50%

Figure 1.17 Coefficient d'orientation[6].

---

[6] Source: [dtdl02], page 25.

I.4 Pertes dans le matériau

Dans un matériau soumis à un champ magnétique variable, on distingue deux types de pertes.

I.4.1 Perte par Hystérésis du matériau

L'application d'un champ d'incidence $\vec{H}$ alternatif produit dans les matériaux magnétiques ce que l'on appelle les pertes par Hystérésis. Ceci conduit à un gonflement de la surface du cycle d'Hystérésis. Cette perte est proportionnelle à la fréquence et elle est liée à la structure du matériau.

I.4.2 Perte par courants de Foucault

Les variations du champ magnétique dans le matériau génèrent des courants induits qui circulent dans une épaisseur à la surface du matériau et créent une dissipation d'énergie. La relation entre l'épaisseur et la résistance d'un conducteur à une fréquence donnée a été effectuée par l'épaisseur de Peau δ tel que [Chi64]:

$$\delta = \sqrt{\frac{\rho}{\pi.\mu.f}} \qquad (1.35)$$

où δ : s'exprime en mètre et ρ est la résistivité en Ohm-mètre.

Remarque

Dans cette effet, la résistance du matériau est inversement proportionnelle avec la fréquence de travail. Pour cela, il est indésirable de travailler avec une fréquence très élevée.

Les matériaux doux sont composés de trois familles principales

- Les alliages de la famille du fer (FeSi), produits en gros tonnage, sont les matériaux magnétiques de base pour l'électrotechnique traditionnelle,
- Les alliages spéciaux (FeNi, FeCo, amorphes, etc.), produits en quantités plus limitées, sont réservés à des usages spécifiques en raison du prix élevé des matières employées pour leur fabrication,
- Les ferrites, mélanges d'oxydes ferrimagnétiques frittés, sont utilisées surtout aux fréquences élevées (f > 50 kHz) à cause de leur grande résistivité électrique (1 $\Omega\cdot$ m < ρ < 105 $\Omega\cdot$ m). Les industries de la télévision, de la radio, de la téléphonie... en sont les principales consommatrices.

I.5 Alliage magnétique.

Dans cette partie de notre travail, nous décrivons les propriétés principales et la procédure de fabrication des alliages magnétiques amorphes et nanocristallins.

I.5.1 Alliage magnétique amorphe

Le XXe siècle s'est accompagné d'une évolution exceptionnelle de la fabrication et de la mise en œuvre des matériaux magnétiques doux avec une amélioration considérable de leurs performances. De nouveaux matériaux tels que les matériaux amorphes ont vu le jour grâce à de nouvelles techniques d'élaboration et offrent de nouveaux champs d'application. La paternité de la découverte du premier matériau amorphe est revient à J. Kramer en 1934. L'état amorphe de matériau ferromagnétique doux correspond à un prolongement de l'état liquide, il est obtenu grâce à une trempe pour le figer dans un état solide. Les propriétés particulières de ces matériaux amorphes (verres métalliques) sont les suivantes.

- Leur résistivité électrique est deux à trois fois plus élevée que celle des matériaux cristallins (100 et 150 $\mu\Omega$.cm),
- La magnétostriction à saturation λ_S est élevée et positive de l'ordre de 20 x 10^{-6} ppm,
- Le coefficient anisotropie K_i est de l'ordre de 10 KJ.m^{-3}.
- La saturation est élevée de l'ordre de 1.3 à 1.6 T.
- L'épaisseur est faible de l'ordre de 20 à 30 µm.
- La perte magnétique est plus faible que pour les matériaux cristallins,
- T_C est de l'ordre de 300 – 400 °C.

Principe de la fabrication d'un « amorphe »

Le {*Melt Spining*} est la technique la plus utilisée pour développer un ruban amorphe (d'épaisseur < 40 µm) (Figure 1.18). Dans cette technique, le jet d'alliage en fusion (diamètre du jet ≈ 0,1 à 1mm) sous pression de l'hydrogène ≈ 0,5 µ Pa, est projeté sur une roue froide tournant à grande vitesse (10 à 30 m/s) formant ainsi des rubans de quelques millimètres de largeur et de 20 à 30 µm d'épaisseur [Big96], [Sch86], [Per96]. La direction cristallographique du matériau peut être induite par traitement thermique sous un champ magnétique pour régler la forme du cycle d'Hystérésis et les propriétés qui en découlent.

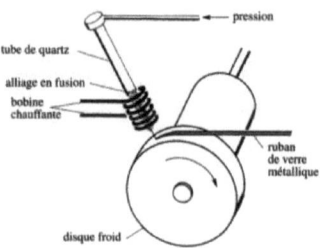

Figure 1.18 Fabrication d'un ruban amorphe.

Recristallisation (traitement thermique)

Le traitement thermique des rubans amorphes a une grande importance du point de vue pratique, car les bandes minces issues de la trempe sur une roue froide ne sont généralement pas directement utilisables. Elles comportent beaucoup de contraintes locales et leurs propriétés magnétiques sont médiocres. Pour éliminer ces contraintes locales et obtenir des propriétés intéressantes, il faut soumettre l'amorphe à un traitement thermique qui conduit à une réorganisation partielle et progressive de la structure. Un recuit dit « de relaxation » est essentiel pour homogénéiser et minimiser au maximum toutes les contraintes stockées dans l'amorphe brut et lui apporter une anisotropie d'aimantation de direction bien définie. Ceci a pour avantage à la fois de simplifier la structure en domaines magnétiques et de donner une forme bien définie au cycle d'Hystérésis. Cette anisotropie de l'aimantation est induite par le déplacement local d'atomes lors d'un recuit sous un champ magnétique longitudinal ou transversal appliqué au ruban (Fig. 1.19) :

Par recuit sous $H\|$: il en découle un cycle d'Hystérésis rectangulaire (M_r/M_s proche de 1),

Par recuit sous $H\perp$: il en découle ici un cycle d'Hystérésis couché (M_r/M_s) très faible et des pertes magnétiques très faibles aux fréquences moyennes [Bar88], [Nat84].

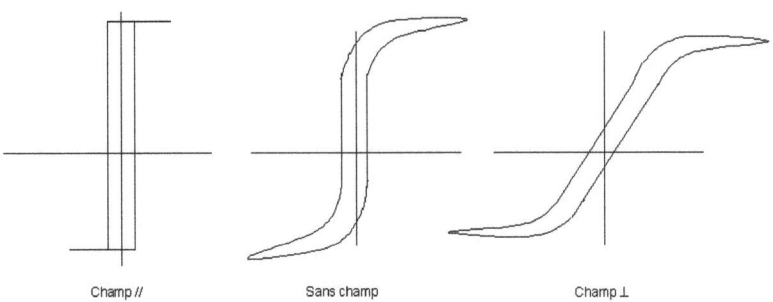

Figure 1.19 Minimisation des contraintes par un recuit sous champ magnétique.

I.5.2 Alliage magnétique nanocristallin

La technologie de la fabrication du ruban mince nanocristallin[7] existe depuis 1988 [YOY], [ST04], [Deg96], [BV90], [BV92], [Hit87], [Hit88]. Celle-ci permet d'obtenir des matériaux cristallins de la famille $Fe_{73,5}Cu_1Nb_3Si_{22,5-x}B_x$ qui sont très proches en composition des matériaux amorphes à base de fer (FeSiBC) fabriqués précédemment (paragraphe I.4.1). En effet, ce matériau magnétique nanocristallin est un amorphe partiellement recristallisé ($\approx$ 70 à 80 %) qui permet d'obtenir des cristallites de fer-silicone appelées graines dont les diamètres D sont de l'ordre de 10-15 nm, chaque graine étant entourée et séparée de ces voisins par un liant amorphe (Figure 1.20). Cette structure nanocristalline s'obtient par recuit à basse température (500-700 °C).

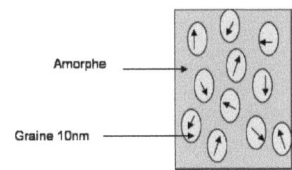

Figure 1.20 Alliage nanocristallin isotrope.

L'intérêt de ces matériaux nanocristallins par rapport aux amorphes vient du fait que nous pouvons de surcroît annuler leur magnétostriction apparente et travailler jusqu'à une induction élevée. Nous avons donc un matériau idéalement doux sur lequel un traitement sous champ magnétique permet de modifier à volonté la forme du cycle d'Hystérésis pour l'adapter aux besoins particuliers.

---

[7] Nanocristallin : Les atomes qui le composent sont organisés de façon régulière, les électrons de niveau haut assurent la cohésion de l'ensemble.

Remarque :

Lorsque les contraintes magnétostrictives résiduelles s'annulent, il n'y aura pas de Parois de Bloch dans le matériau, chaque graine est un domaine de Weiss et le processus d'aimantation est fait par la rotation des moments magnétiques [The97].

Toutes ces propriétés magnétiques font que ces matériaux sont utilisables dans un large spectre de fréquences qui vont du continu jusqu'à 1 MHz environ. Comme application, dans le domaine des basses fréquences on peut citer : les transformateurs de distribution de moyenne puissance et les inductances ; pour les fréquences plus élevées, on peut citer les composants magnétiques pour l'électronique de puissance. De nombreuses autres applications existent : blindage magnétique, capteurs variés, etc.

- L'alliage Nanophy $\{Fe_xCu_xNb_xSi_xB_x\}$ composé de Fe (ayant une structure cubique centrée) avec un axe principal de facile aimantation dans la direction <100> est le matériau utilisé dans notre projet (son choix fera l'objet d'une justification dans le dernier chapitre). N'ayant pas de contraintes mécaniques, le matériau est enveloppé entre deux films de plastique.

L'alliage Nanophy utilisé est composé de :
- 13-17% Silicium,
- 5-10% Bore,
- 1% Cuivre,
- 3% Niobium,
- le reste est composé de Fer.

Il présente l'avantage de pouvoir être excité par un champ faible. On peut l'enrouler, le découper afin de le placer dans un grillage de matière plastique (Figure 1.21). En présence d'un champ d'excitation faible, ce matériau génère une induction magnétique élevée. Ainsi, si on l'utilise comme marqueur dans un code enterré, le signal observé est la somme des deux champs, c'est-à-dire la somme du champ d'excitation canalisé et du champ généré par le matériau. Ce matériau ferromagnétique nanocristallin est adopté pour la suite de nos travaux.

Chapitre I : Physique du Matériau Magnétique

Figure 1.21 Produit nanocristallin.

Cet alliage est disponible sous la forme de ruban, il possède des propriétés magnétiques remarquables, telles que :
- une faible épaisseur (20 µm),
- une faible largeur (24 mm),
- un faible champ coercitif dépendant de la taille de sa graine (0,4 <H_C< 1 A/m),
- une résistivité électrique (ρ = 135µ Ω.cm),
- une densité (δ = 7,3 g/cm³),
- une magnétostriction qui peut être voisine de zéro,
- une énergie anisotropique très faible (K_i < 0.01 K.J.m^{-3}),
- une faible perte magnétique liée à sa faible épaisseur, sa résistivité électrique élevée et son étroit cycle d'Hystérésis,
- une bonne stabilité en température liée à un point de Curie élevé (570 °C),
- une saturation élevée entre 0,5 et 1,7 T liée à l'énergie anisotropique,
- La distance $l_{éch}$ = 35 nm devint supérieure à la taille des nanocristaux D = 10 nm de sorte que les directions de facile aimantation des parois n'ont plus la place d'assurer les transitions de direction de facile aimantation à chaque interface entre nanocristaux.
- une haute perméabilité relative (20 000 < μ_r <10^6).

Le cycle d'Hystérésis de l'alliage nanocristallin est présenté dans la figure 1.22 et ses caractéristiques magnétiques sont listées ci-dessous.

36   Chapitre I : Physique du Matériau Magnétique

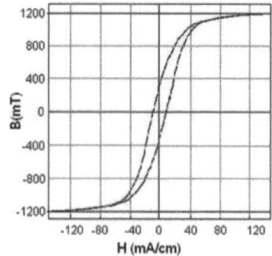

Figure 1.22 Cycle d'Hystérésis de l'alliage nanocristallin[8].

H_C : une coercitivité très faible (H_C = 5 mA /cm),
H_S : une champ d'excitation à saturer le matériau (H_S = 70 mA/cm),
μ_r : une perméabilité relative très importante ($\mu_r \approx$ 140 000),
M_s : une saturation élevée (M_s =1200 mT),
f_0 : la fréquence de travail.

Remarque :

D'après le calcul de *l'épaisseur de Peau* de l'alliage nanocristallin la fréquence de travail f_0 est de **8 333 Hz**.

$$\delta = \sqrt{\frac{\rho}{\pi.\mu.f}} \qquad \rho = 135\mu\ \Omega.cm,$$

La figure suivante montre les cycles de différents alliages nanocristallins en fonction de leur perméabilité[9] :

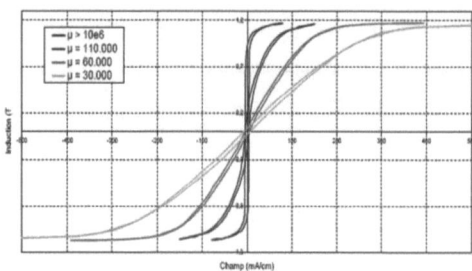

Figure 1.23 Cycles d'Hystérésis des alliages en fonction de la perméabilité.

---

[8] Source: GékaDé SARL.

Chapitre I : Physique du Matériau Magnétique

Nous remarquons qu'à chaque fois que le rapport Hc /Hs décroît, la perméabilité diminue également.

I.6 Comparaison entre l'aluminium et l'alliage nanocristallin

	Aluminium	Nanocristallin
Epaisseur	150 µm	20 µm
Résistivité	3 µ.ohm/cm	135 µ.ohm /cm
Taille	Larg. >160	Larg. = 24
Prix	3,80 €/Kg	30 à 50 €/Kg
Réponse fréquentielle	Fondamentale	harmonique
Magnétisme	Paramagnétique (μ_r>1)	Ferromagnétique (μ_r>>1)
Couvre	aucune	Plastique deux coté

Conclusion

Afin de comprendre le phénomène magnétique et le comportement magnétique du matériau utilisé, nous avons successivement présenté dans ce chapitre :

- les lois et les principales propriétés magnétiques,
- le comportement et la classification des matériaux magnétiques,
- la configuration des matériaux ferromagnétiques à l'échelle atomique,
- la structure microscopique des matériaux ferromagnétiques,
- le processus d'aimantation,
- l'analyse de la courbe d'aimantation, le cycle d'Hystérésis et la perte par Hystérésis du matériau,
- la fabrication de l'amorphe et de l'alliage nanocristallin,
- les caractéristiques de l'alliage nanocristallin utilisé dans le cadre de ce travail.

Ainsi, lorsque la valeur de H_C est très faible, le diamètre des grains (D) est très petit (nanométrique). La valeur de champ d'excitation qui sature le matériau H_S est de 70 mA/cm et la valeur maximale de l'induction magnétique B_s donnée par ce matériau est de 1.2 T. Le coefficient d'orientation du matériau nanocristallin est presque de 50% (paragraphe I.3.6), car il est isotrope. La perte par courants de Foucault est négligeable grâce à la faible épaisseur du matériau (qui est égale à 20 µm) et à la faible fréquence de travail qui est de f_0 = 8 333 Hz. Les coefficients d'anisotropie nanocristallin et d'énergie d'échange respectivement K_i et $E_{éch}$ sont faibles. Ce qui entraîne que dans chaque grain, il n'y a qu'un domaine de Weiss. Ainsi, il n'y a pas de déplacement des parois de Bloch mais juste une rotation d'aimantation des grains. Le coefficient de magnétostriction λ_S est presque nul, ce qui fait qu'il n'y a pas de déformation du matériau nanocristallin.

Chapitre II
Système de détection et de codage

Sommaire

II.1 Versions antérieures du système de détection.. 41
    II.1.1 Première version du système de détection... 41
    II.1.2 Deuxième version du système de détection... 43
II.2 Nouvelle version du système de détection.. 45
    II.2.1 Capteur... 46
        II.2.1.1   Principe de détection.. 47
        II.2.1.2   Caractéristiques de la bobine d'émission................................ 47
        II.2.1.3   Caractéristiques des bobines de réception............................. 50
    II.2.2 Systèmes de codage... 51
        II.2.2.1   Structure du code spécifique... 52
        II.2.2.2   Principe de détection.. 52
    II.2.3 Système d'acquisition 53
        II.2.3.1   Amplification à l'émission... 53
        II.2.3.2   Amplification à la réception.. 55
        II.2.3.3   Cartes d'acquisition [PCI-6110, USB-6251]......................... 57
        II.2.3.4   Carte de connections [SCB-68]... 58
        II.2.3.5   Encodeur incrémental.. 58
    II.2.4 Interface logicielle.. 58
        II.2.4.1   Interface paramétrable [LabView]... 58
        II.2.4.2   Interface paramétrable [Matlab].. 59
        II.2.4.3   Détection synchrone... 60
    II.2.5 Conditionnement du signal.. 61
        II.2.5.1   Filtrage numérique Chebyshev 61
        II.2.5.2   Eliminer les dérives du signal 62
        II.2.5.3   Extraction structurelle des données....................................... 62

Chapitre II : Système de détection et de codage

Introduction

Actuellement lors de leur enfouissement, les canalisations enterrées sont recouvertes d'un grillage avertisseur coloré en matière plastique, puis de grève. La couleur permet d'identifier la nature du fluide qu'elles véhiculent. Leurs positions sont reportées sur des plans. Lors d'intervention sur les réseaux au cours de chantier, il existe des risques de perçage des canalisations. Les conséquences de ces perçages ou de fuites peuvent être dramatiques (Mulhouse décembre 2004, Niort, décembre 2007 Bondy, Noisy-le-Sec, ...). Pour renforcer la sécurité civile, il est nécessaire de développer des systèmes avertisseurs sans excavation.

Une collaboration de longue date a été établie entre la société Plymouth France et le CReSTIC (URCA Reims) en vue de développer un tel système. Plusieurs brevets ont d'ailleurs été déposés [FH98], [FHa98]. L'idée de base est de conserver le grillage avertisseur actuel (pour des raisons de compatibilité) et d'insérer à l'intérieur de l'avertisseur un code détectable à distance. Un dispositif de lecture doit permettre la localisation et l'identification du code sans aucune fouille [Mil97], [Pet94]. Il existe diverses méthodes de contrôle non destructif (CND) [DF], [wika], nous citons les plus utilisées :

- **Création des courant induits** : l'émetteur est constitué d'une bobine parcourue par un courant d'excitation I qui produit un champ électromagnétique, celui-ci induit des courants au sein d'une cible à inspecter [AFN88]. Ces courants sont à la même fréquence que le champ et donc à la même fréquence que le courant inducteur. Les courants induits engendrent à leur tour un champ électromagnétique, qui s'oppose au champ d'excitation. L'influence de ce champ sur l'amplitude du signal d'émission dépend de la circulation des courants de Foucault dans la cible [SO96], [TB95], [Lib79], [BJSS91], [PCS89], [CET+99]. Notre laboratoire en a fait un de ses axes de recherche [VB94], [BLEV86], [Har89], [FMD94], [BSB95], [BZVB96], [FMD97], [BBBV97]. Ce principe a été mis en œuvre dans un système antérieur de détection.
- **Effet de magnéto-impédance géante (GMI)** : ce phénomène a été découvert en 1935 par Harrison. Il est lié à l'effet de Peau et permet de mesurer la variation d'impédance d'un matériau en fonction de l'application d'un champ magnétique extérieur dont la fréquence est comprise entre 0 et 10 KHz. La GMI est utilisée pour réaliser des capteurs magnétiques à très haute sensibilité [HTR35], [KP02], [CP95], [VAGP07], [JS04].

Chapitre II : Système de détection et de codage

- **Effet de magnéto-résistance géante (GMR) :** cet effet a été découvert par Albert Fert[9] et ses collaborateurs dans le Laboratoire de Physique des Solides d'Orsay en 1988. La magnéto-résistance géante se manifeste sous la forme d'une baisse significative de la résistance observée sous l'application d'un champ magnétique externe. La magnétorésistance géante est utilisée pour détecter un champ magnétique de fréquence inférieure à 1 KHz. Elle a permis de proposer un nouveau type de tête de lecture magnétique pour les disques durs d'ordinateurs [BBF+88], [BGSZ89], [HMS], [DTN+05], [YNF+04], [DMTS90], [YCH+05], [MVR08].

- **Effet de magnéto-harmonique :** l'élément sensible utilisé est un marqueur ferromagnétique de haute perméabilité [Ked06]. En raison de son comportement non linéaire, le marqueur réémet alors un taux élevé d'harmoniques. C'est ce phénomène qui est mis en œuvre dans nos travaux.

Plusieurs dispositifs montés sur un chariot mobile permettant de suivre un code enterré sur le terrain, ont été développés au laboratoire [Gui92]. D'abord le code a été conçu en aluminium. Les performances en terme de distance de détection et de reconnaissance ont été améliorées progressivement en fonction de l'évolution de l'architecture de la tête de détection, associée à celle du code, et de la sophistication des algorithmes développés. Au cours des échanges entre le partenaire industriel et le laboratoire, le partenaire industriel a proposé un nouveau matériau pour concevoir le code.

Dans ce chapitre, nous présentons deux anciens systèmes conçus pour la reconnaissance de codes en aluminium et leurs inconvénients. Puis, nous développons le nouveau système conçu pour des codes magnétiques. Ce système comprend le dispositif électronique de conditionnement du signal et l'agencement du code. Il permet deux améliorations principales, à savoir :

- l'augmentation de la profondeur de la détection des codes enterrés,
- l'élimination des perturbations émises par les signaux des objets métalliques voisins.

---

[9] *Laboratoire de Physique des Solides, Université Paris-Sud, F-91405 Orsay, France*

Chapitre II : Système de détection et de codage

II.1 Versions antérieures du système de détection

Les deux versions antérieures de système sont basées sur la détection des courants de Foucault dans la cible métallique à localiser. Le capteur utilisé est de type balance d'induction [BBBG97], [BKB97], [FB98], [FBa98] et la cible (le code) est en aluminium.

II.1.1 Première version du système de détection (1999)

Le capteur est constitué de deux bobines plates double face de forme circulaire. Leur diamètre relatif est d'un rapport de l'ordre de 3. La plus large constitue l'antenne d'émission. La bobine de plus faible diamètre constitue l'antenne de réception. Son positionnement est effectué en l'absence de cible métallique dans la zone d'ombre[10] du champ émis comme le montre la figure 2.1.

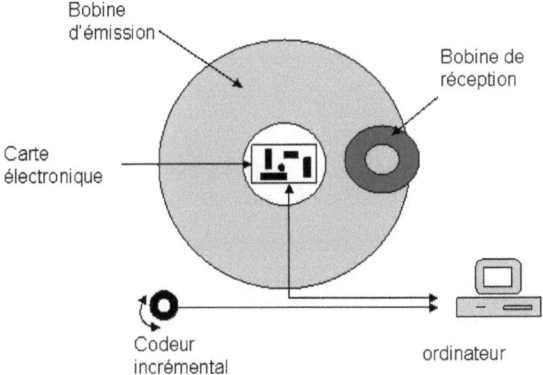

Figure 2.1 Capteur à balance d'induction.

Le code [BFB99], [BB99], [BHC00], [TC01], [ZLC04] est constitué de deux motifs métalliques, dont un est de longueur variable. Ils sont séparés par un espace vide qui est aussi de longueur variable. La combinaison des variations de ces longueurs définit plusieurs codes (Fig.2.2.a). La structure d'un motif élémentaire du code comprend :
- une bande métallique de longueur fixe "étalon",
- un espace de longueur supérieure ou égale à celle de la bande étalon,
- une deuxième bande métallique, de dimension variable,
- un deuxième espace identique à celui défini précédemment.

---

[10] La bobine de réception est positionnée juste au dessus de la bobine d'émission de manière excentrée pour qu'elle soit traversée par un flux total nul. Elle se trouve donc placée dans une zone d'ombre du champ émis.

42 **Chapitre II :** Système de détection et de codage

Ce motif de base constitue l'élément étalon ; il est réalisé en aluminium d'épaisseur 150 μm, de largeur 160 mm et de longueur 360 mm. Le code est constitué d'une succession de ces motifs élémentaires (figure 2.2.a) dont la réponse après détection est illustrée sur la figure 2.2.b.

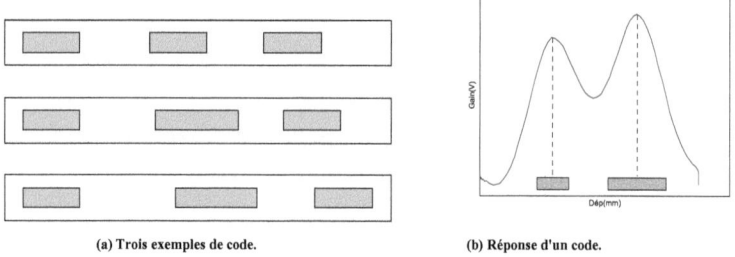

(a) Trois exemples de code.   (b) Réponse d'un code.

Figure 2.2 Premier système de codage.

Origines du bruit

Le signal de réponse comprend le signal utile et des bruits d'origines diverses comme par exemple :
- le bruit du aux composants électroniques et véhiculé par convection,
- le bruit du à l'échauffement de la bobine d'émission qui dérive la résistance de la bobine et en conséquence la réponse sur la bobine de réception (éliminé par la correction de dérive),
- le bruit du à la nature géologique du sol et à la profondeur d'enfouissement. Il s'agit d'un bruit fréquentiel éliminé par un filtre numérique de type ''Chebyshev'',
- le bruit généré par des parasites conducteurs présents dans le sol. L'élimination de ce bruit est très compliquée, car il peut se manifester dans la même bande de fréquence que la réponse du code qui est, en l'occurrence, sensiblement déformée.

Inconvénient

Le principal inconvénient de ce système est la difficulté d'éliminer les effets indésirables dus au bruit généré par la présence de parasites conducteurs ou objets métalliques à proximité.

II.1.2 Deuxième version du système de détection (2006)

Les signatures de ces parasites conducteurs ont pu être éliminées grâce à des techniques numériques de traitement du signal associées à une architecture adéquate de la tête de détection. En particulier des techniques numériques de séparation aveugle de source (SAS) [HA84], [Car98], [DP93], [Car89] ont apporté une contribution intéressante. En effet, elles permettent d'éliminer les réponses des perturbations métalliques (considérées comme des bruits). Ces techniques consistent à restituer des signaux indépendants, appelés sources, à partir d'un mélange linéaire ou non de ces sources reçues sur plusieurs bobines de réception [Bel95], [JH88]. L'algorithme SOBI (Second Ordre Blind Identification) de séparation de source a été utilisé dans ce système afin d'estimer la matrice de séparation [BMCM97], [BC00], [Zit02]. Pour cela, le capteur développé comportait trois bobines de réception (Fig.2.3).

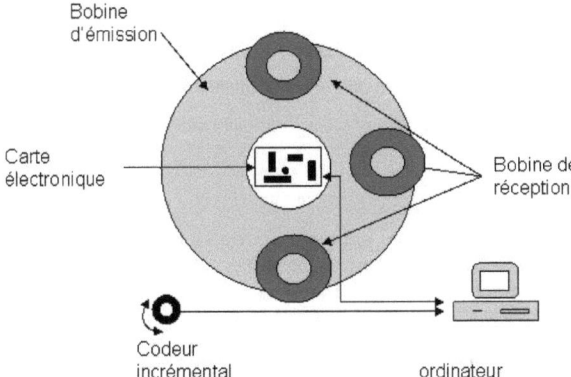

Figure 2.3 Capteur avec trois bobines de réception.

Par ailleurs, des modifications ont été apportées sur le code afin de minimiser l'influence des parasites sur sa réponse. La taille des éléments constitutifs du code a été uniformisée pour faciliter la lecture et l'interprétation. Chaque marqueur est constitué de deux éléments métalliques de taille unitaire, séparés par un espace vide de taille également unitaire. (Ces marqueurs sont semblables au code 1 du premier système de codage (figure 2.2.a) et ils conservent la compatibilité entre ces deux systèmes de codage). Chaque code est constitué d'un marqueur de début et d'un marqueur de fin. Ces deux marqueurs sont séparés par une distance variable. Cette distance constitue un paramètre structurel d'identification du code (Fig.2.4.a). L'idée de base est de mesurer la distance séparant

44 **Chapitre II : Système de détection et de codage**

deux éléments caractéristiques de code. Cette structure semble plus robuste aux perturbations. La figure 2.4.b montre la réponse du code [Zit06].

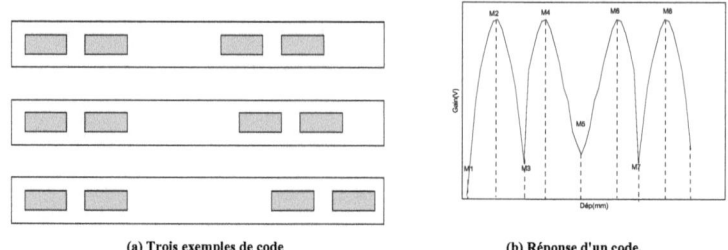

(a) Trois exemples de code   (b) Réponse d'un code.

Figure 2.4 Deuxième système du codage.

L'inconvénient majeur rencontré dans cette version du système de détection est lié au support matériel du code. En effet, le code en aluminium n'est pas facilement industrialisable dans les grillages plastiques. Sa largeur de 360 mm entraîne un problème d'intégration. De plus, il existe un deuxième problème qui provient de la perturbation de détection en présence de plusieurs objets métalliques indésirables malgré l'utilisation des méthodes de SAS.

La figure 2.5 représente deux exemples nécessitant l'usage de la SAS : la présence d'une perturbation au voisinage d'un code et le cas de deux codes voisins. La SAS a permis un débruitage efficace et une estimation cohérente des sources reconstituées.

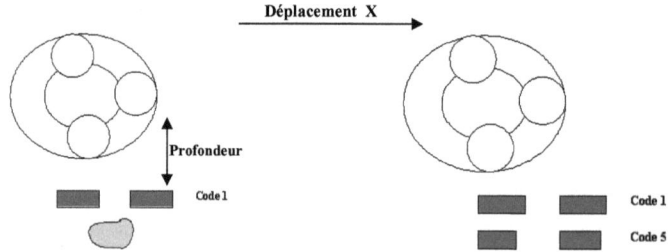

Chapitre II : Système de détection et de codage

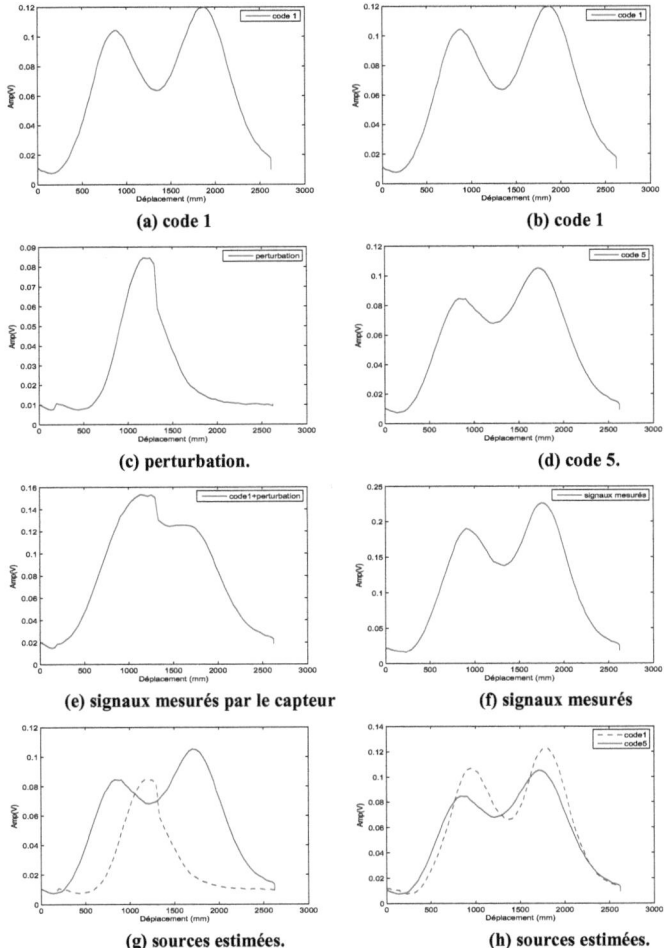

Figure 2.5 Exemple d'utilisation de SAS : (a) avec perturbation, (b) code au voisinage.

II.2 Nouvelle version du système de détection (2009)

Pour améliorer la profondeur de détection et s'affranchir des contributions non désirées dues à des parasites métalliques, il a été envisagé de concevoir des éléments de code dans un matériau magnétique de très forte perméabilité. La très forte perméabilité du matériau présente l'avantage d'avoir une réponse non linéaire, celle-ci est composée d'harmoniques propres au matériau qui ne peuvent être générés par d'autres éléments métalliques. Ce code est conçu avec un matériau magnétique de très faible épaisseur (20 µm), cela permet

46 **Chapitre II : Système de détection et de codage**

de minimiser l'effet indésirable des courants de Foucault. Ainsi les pertes dans le matériau sont réduites, la qualité de la réponse est meilleure et permet d'augmenter la profondeur de détection. De plus les parasites et les vibrations environnementales, qui ont un effet de couplage important sur la fréquence fondamentale du signal de la bobine, n'affectent pas les harmoniques du signal. Il suffit donc, de détecter l'un de ces harmoniques non affectés.

La présentation de cette nouvelle version du système de détection comprend :
- la description du capteur,
- la description du système de codage,
- le système d'acquisition des signaux,
- et l'interface logicielle.

II.2.1 Capteur

Rappelons que le marqueur est un matériau magnétique de très grande perméabilité. Le capteur est placé sur un chariot mobile. L'architecture de la tête de lecture doit permettre de suivre le trajet du code, même si ce trajet effectue des courbes. La tête de détection est constituée d'une bobine d'émission et de deux bobines de réception dont l'une est située à l'avant et la seconde est située sur le côté droit comme le montre la figure 2.6 [B+08]. La bobine d'émission est accordée à une fréquence de travail f_0 de 8 333 Hz qui correspond à une épaisseur de Peau pour l'alliage nanocristallin d'environ 20 µm. Les bobines de réception sont positionnées et orientées de manière à ce qu'elles reçoivent le maximum de signal de réponse d'une cible magnétique enterrée (constituant le code enterré). L'intensité et le contenu harmonique de cette réponse dépendent de la perméabilité du matériau magnétique et de la fréquence de travail f_0.

Figure 2.6 Capteur magnétique.

Chapitre II : Système de détection et de codage

II.2.1.1 Principe de détection

La bobine d'émission est orientée horizontalement, elle est alimentée en courant pour générer un champ magnétique $\vec{H}$. Selon la loi de Biot et Savart, au centre de la bobine ce champ est orienté verticalement. Pour toute hauteur Z, la composante H_X est nulle au centre de la bobine d'émission. Si on s'éloigne du centre de la bobine en se déplaçant horizontalement sur l'axe O_X, la composante H_X augmente et elle excite le code magnétique, disposé horizontalement selon le sens de déplacement O_X du détecteur (figure 2.7). En réponse, ce code émet une induction magnétique $\vec{B}$. Les bobines de réception sont orientées verticalement pour recevoir le maximum de flux magnétique de la composante magnétique B_X. Ces bobines sont placées à l'endroit où la réponse du code enterré est la plus importante[11].

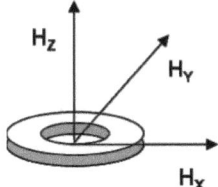

Figure 2.7 Trois composantes du champ $\vec{H}$

II.2.1.2 Caractéristiques de la bobine d'émission

De manière à optimiser le circuit d'émission, nous avons étudié les caractéristiques de la bobine d'émission [Arn95]. Cette bobine est de forme circulaire de montage RLC série (voir annexe II), elle est constituée de N tours de fils de cuivre. Plusieurs essais ont été effectués avec des bobines dont la profondeur (a) et la largeur de la gorge (b) étaient différentes. L'ordre de grandeur retenu est de 7 mm pour la profondeur et de 12 mm pour la largeur (Figure 2.8).

---

[11] Afin d'optimiser le placement, la composante de l'excitation H_X créée par la bobine d'émission a été simulée par la formule de Biot et Savart, la valeur maximale de la composante H_X et sa position par rapport à la verticale au centre de la bobine d'émission ont été déterminées (cf *chapitre III*).

Chapitre II : Système de détection et de codage

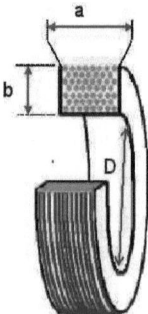

Figure 2.8 Paramètre géométrique de la bobine d'émission.

La résistance équivalente du fil est calculée par :

$$R_L = \rho \frac{\ell}{S} = \rho \frac{N.(2.\pi.ray)}{\pi.(r_f)^2} \qquad (2.1)$$

où ρ est la résistivité du cuivre ($\rho = 17.10^{-9}\,\Omega m$), S est la section du fil et ℓ est la longueur du fil ; r_f est le rayon du fil et ray est le rayon de la bobine.

L'inductance de la bobine est définie par ses paramètres géométriques [Par03]. Dans une bobine plate (bobine solénoïde multi-couche), l'interaction entre deux spires fait intervenir l'inductance mutuelle qui dépend de ces caractéristiques géométriques, nombre de spires et de leur position relative (figure 2.9).

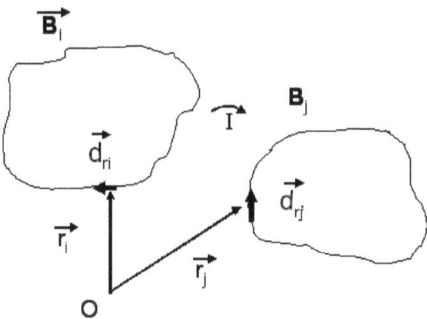

Figure 2.9 Deux boucles en série.

Chapitre II : Système de détection et de codage

L'inductance mutuelle de deux spires est calculée à l'aide de la formule de Neumann :

$$M_{ij} = \frac{\mu_0}{4\pi} \oint_{c_i} \oint_{c_j} \frac{\vec{d}_{ri}.\vec{d}_{rj}}{|r_{ij}|} \quad (2.2)$$

où $\vec{d}_{ri}$, $\vec{d}_{rj}$ sont des vecteurs segment élémentaires des boucles et r_{ij} est la distance qui les séparent. L'inductance mutuelle de la bobine est calculée[12] puis comparée à la mesure.

La résistance R_L et l'inductance L sont tracées en fonction de nombre de spires dans la figure 2.10 :

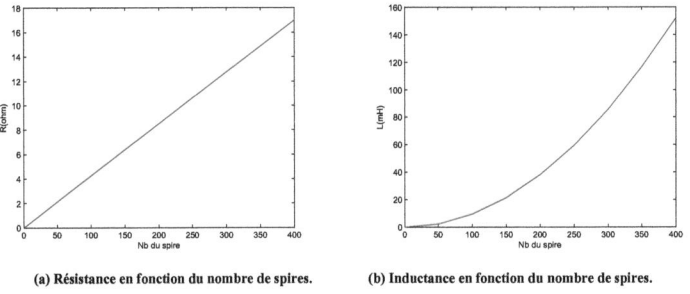

(a) Résistance en fonction du nombre de spires.   (b) Inductance en fonction du nombre de spires.

Figure 2.10 Impédance de la bobine en fonction du nombre de spires.

Les figures 2.10.a et 2.10.b montrent respectivement la proportionnalité de la résistance avec le nombre de spires et la dépendance non linéaire de l'inductance avec le nombre de spires.

- Une première limitation provient du fait que l'augmentation du nombre de spires risque d'engendrer l'échauffement de la bobine $R_L = f(N)$,
- La seconde limitation est due à l'adaptation d'impédance entre la bobine d'émission et l'amplificateur. L'impédance de sortie de l'amplificateur audiofréquence est de 4 Ω, ce qui nous oblige à avoir une impédance de la bobine d'émission qui soit proche de cette valeur. L'accord est réalisé avec des condensateurs

---

[12] http://www.carnets-tsf.fr/inductance/calculateur.html

Chapitre II : Système de détection et de codage

- La troisième limitation à condition que L soit compensée par les condensateurs d'accord provient de la valeur des condensateurs.

Nous avons établi un compromis entre la résistance de la bobine et le nombre de tours pour définir les caractéristiques de la bobine d'émission comme il suit :

- Rayon de la bobine d'émission ray = 200 mm,
- Epaisseur de la gorge de la bobine = 12 mm,
- Nombre d'enroulements N = 89 tours,
- Diamètre du fil : 0,8 mm (rayon du fil r_f = 0,4 mm),
- Résistivité du cuivre (ρ = 17,10^{-9} Ohm. m),
- Résistance R_L = 3,78 Ω,
- Inductance L = 7,5 mH
- Impédance de la bobine Z_L = 392,71 Ω (cf ci-dessous),
- Capacité série C_L = 48,63 nF (cf ci-dessous),
- Comme l'amplitude de l'intensité I = 10 A, La tension aux bornes de la bobine V = I * Z = 3927 V,

Remarque :

Afin d'obtenir une intensité du champ d'excitation du code enterré suffisante, l'application nécessite une amplitude de l'intensité de courant de 10 A, ce qui mène la tension aux bornes de la bobine d'émission à une valeur proche de 4000 V. Cela nécessite la mise en œuvre de protections.

L'impédance de la bobine est donnée par :

$$Z_L = \sqrt{(R_L)^2 + (L\omega)^2} = 392,71 \ \Omega \qquad (2.3)$$

La capacité d'accord de la bobine est calculée ainsi :

$$C_L = \frac{1}{L.\omega^2} = \frac{1}{7,5.10^{-3}.(2.\pi.8333)^2} = 48,63 \ nF, \qquad (2.4)$$

Après l'accord de la bobine, la charge en sortie de l'amplificateur est réduite à 7Ω (proche de la valeur théorique).

Caractéristiques des bobines de réception

Chapitre II : Système de détection et de codage

Le courant circulant dans les bobines de réception est nettement plus faible que celui de la bobine d'émission (< 3 mA). C'est pour cette raison que nous avons utilisé un fil de diamètre plus fin. Le flux reçu par la bobine de réception est donné par l'équation suivante :

$$\vec{\Phi} = \vec{B}.S, \quad e = -\frac{d\Phi}{dt} \qquad (2.5)$$

où $\vec{B}$ est l'induction magnétique, S est la surface.

Lorsque le signal reçu est faible, on peut augmenter le diamètre de la bobine et son nombre de tours pour augmenter le flux, mais c'est au détriment de sa résolution spatiale. Ainsi, un compromis a été trouvé et les valeurs suivantes ont été retenues.

- Rayon de la bobine de réception ray = 90 mm,
- Epaisseur de la bobine : 1 mm,
- Nombre d'enroulements : 75 tours,
- Diamètre du fil : 0,318 mm, Rayon du fil $r_f = 0.159$ mm,
- $R_L = 8,82\ \Omega$,
- $L = 2,56$ mH,
- $Z_L = 268,22\ \Omega$,
- $C_L = 35,62$ nF,

II.2.2 Systèmes de codage

Deux systèmes de codage ont été développés :
- Le système de codage générique permet de suivre un type de canalisation. Ce système est utilisé par la première et deuxième génération de code Figures (2.2.a et Figure 2.4.a),
- Le système de codage spécifique est utile pour reconnaître des points bien particuliers tels que des connexions de réseaux. Son architecture doit permettre de générer une famille de codes suffisamment importante pour pouvoir identifier chaque besoin spécifique.

Les travaux concernant le code spécifique sont plus particulièrement développés dans cette thèse. Pour ce type de code, le marqueur (Figure 2.9.a) est constitué d'un élément ferromagnétique allongé (ruban) à haute perméabilité.

Chapitre II : Système de détection et de codage

II.2.2.1 Structure du code spécifique

Le code magnétique est réalisé dans un ruban nanocristallin d'alliage (Fe-Cu-Nb-Si-B) imposé par notre partenaire industriel, il est disponible en très faible épaisseur de 20 μm, et sa densité est de 7,3 g/cm³. Sa résistivité est très élevée : 135 μΩ.cm. Sa perméabilité relative est très importante : de 20 000 à 200 000 (sans dimension).

La géométrie du code a été choisie pour satisfaire deux exigences : pouvoir générer une famille de codes suffisamment grande et faciliter le suivi du trajet. Le code est constitué de trois marqueurs de dimension : 50 x 300 mm, disposés sur une plaque de base en plastique de dimension : 1 000 x 300 mm. Deux marqueurs sont placés dans le sens transversal, et le troisième est placé dans le sens longitudinal à une distance égale des deux précédents. La distance entre le premier marqueur transversal T1 et le marqueur longitudinal L est appelée d1. La distance entre les deux marqueurs transversaux T1, T2 est appelée d2 comme indiqué sur la figure 2.8.a. Ces distances sont variables, elles constituent un code dont les paramètres sont structurels. L'ensemble des codes possibles peut comprendre plus de 20 codes.

II.2.2.2 Principe de détection

Le capteur consiste en deux bobines de réception verticales disposées perpendiculaires l'une à l'autre. Leur orientation permet de recevoir le maximum de flux magnétique du code. Le dispositif de détection est mobile. La bobine dite longitudinale (qui détecte le code longitudinal) est placée à l'avant. La bobine transversale est située sur le côté droit du détecteur, comme vue sur la figure 2.11.a. Les signaux reçus sur le récepteur sont montrés sur la figure 2.11.b.

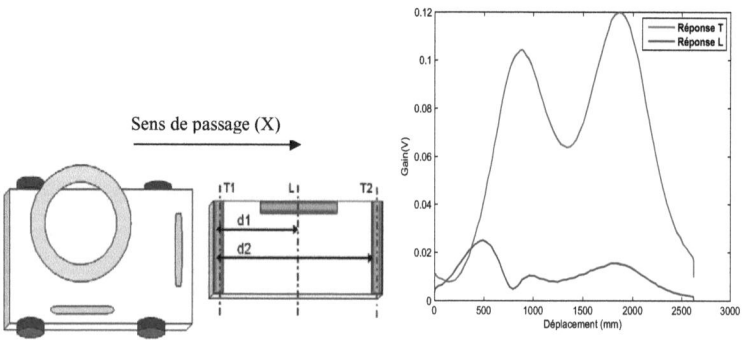

(a) Position relative (Chariot/Code) dans le cas idéal. (b) Réponse du code.

Figure 2.11 Principe de détection.

Chapitre II : Système de détection et de codage

Remarque :
Le code magnétique a toujours été placé dans le sens Est - Ouest dans le système de référence terrestre sauf à de rares cas qui seront signalés.

Sur la bobine longitudinale à 0 mm, la contribution de T2 est presque nulle. À 500 mm, le maximum correspond à la détection de L (excitation H_X maximale), à 1 000 mm, le maximum correspond à la détection de T1. À 1 500 mm, le détecteur perçoit L faiblement parce qu'il est loin. A 2 000 mm, le détecteur perçoit T2 faiblement, et entre 1 500 mm et 2 000 mm les contributions de L et de T2 s'ajoutent.

Sur la bobine transversale le signal reçu présente deux maximums qui correspondent à la détection des deux marqueurs transversaux comme le montre la figure 2.11.b.

II.2.3 Système d'acquisition

Cette partie matérielle comprend l'amplification à l'émission, l'amplification à la réception, la carte PCI-6110 avec la carte SCB-68 (carte de connections) ou la carte USB-6251 (cartes d'acquisition), et l'encodeur incrémental.

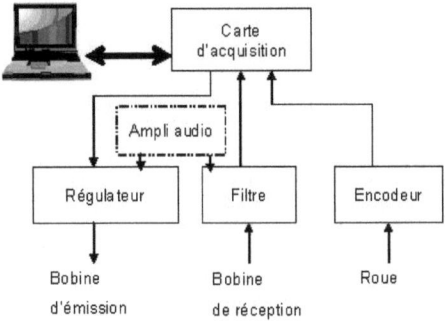

Figure 2.12 Schéma d'acquisition.

II.2.3.1 Amplification à l'émission

Les signaux émis par carte ont des puissances très faibles (5 mA, ±10 V soit 50mW). Nous utilisons un amplificateur audio. Plusieurs classes des amplificateurs sont étudiées afin de choisir le plus convenable, par exemple .

[A] : il utilise 1 seul transistor (polarisé) pour amplifier le signal. Cet amplificateur a tendance à chauffer et consomme même lorsqu'il n'y a pas de signal d'entrée.

[B] : il utilise 2 transistors en « push-pull » : l'un pour traiter l'alternance positive, l'autre l'alternance négative du signal. Cet amplificateur a l'avantage de très peu consommer lorsque le signal d'entrée est nul et l'inconvénient de distordre le signal à faible intensité.

[AB] : il fonctionne comme un Classe A à faible puissance et bascule sur le fonctionnement de Classe B à des puissances plus élevées.

[C] : il possède un « temps de conduction » inférieur à la demi-période du signal d'entrée. Le signal de sortie contient alors de nombreux harmoniques qui sont généralement filtrés par un circuit de charge très sélectif accordé à la fréquence fondamentale du signal à amplifier. Ce type d'amplificateur n'est jamais utilisé en audio.

[D] : il génère un signal rectangulaire proportionnel au signal à amplifier.

Enfin c'est l'amplificateur de classe D (Figure 2.11) qui a été choisi car il a une efficacité supérieure à la classe A, B, et AB. Il est bien adapté à l'amplification de signaux à notre fréquence de travail $f_0 = 8.333 KHz$ provenant de la carte d'acquisition PCI-6110.

Principe de fonctionnement de l'amplificateur de classe D
- Le générateur produit un signal de forme triangulaire (figure 2.13),
- Le résultat de modulation de largeur d'impulsion (MLI) présente une courbe signal carré qui est la combinaison d'un signal d'émission et du signal généré par l'amplificateur. Cette courbe constitue les amplitudes et la fréquence du signal d'émission comme la montre la figure 2.14,
- Sa puissance efficace dépasse 150 W/8 ohms et 250 W/4 ohms, chaque module étant capable de produire des pics de 1000 W,
- Sa consommation d'électricité très faible,
- L'efficacité des amplificateurs de classe D dans la pratique est de 90% à 95%.

Chapitre II : Système de détection et de codage

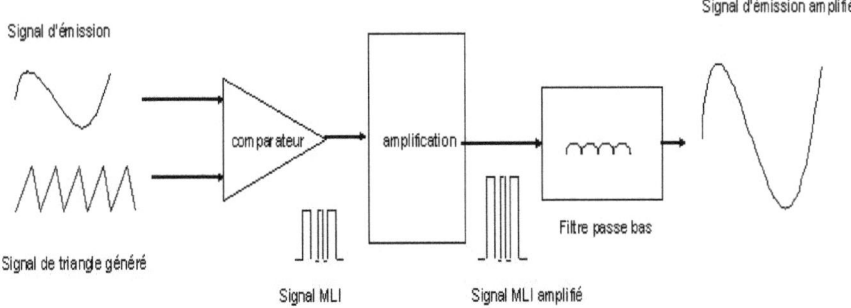

Figure 2.13 Schéma de l'amplificateur de classe D.

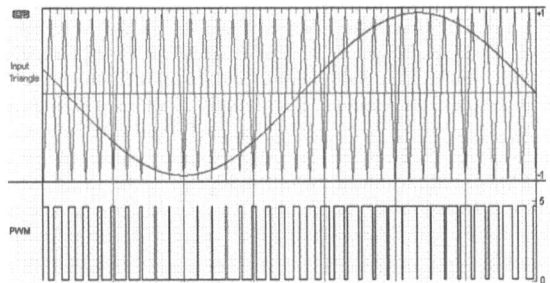

Figure 2.14 Modulation du signal par l'amplificateur classe D.

II.2.3.2 Amplification à la réception

Le matériau magnétique mis en oeuvre pour réaliser les codes présente un cycle d'Hystérésis dont la non linéarité est exploitée. Sa réponse à une excitation sinusoïdale f_0 génère un signal composé de la fréquence fondamentale f_0 et ses harmoniques. Afin de s'affranchir de la réponse des parasites métalliques présente dans la composante à la fréquence fondamentale, les bobines de réception sont accordées pour détecter le second harmonique $2f_0$. Ainsi seul le matériau magnétique est détecté et les couplages directs qui pourraient exister en présence d'un matériau parasite sont éliminés. Le signal de réception est de l'ordre du mV, il doit être pré-amplifié le plus près possible de la source afin d'augmenter le rapport signal sur bruit (RSB). Pour éliminer les signaux parasites, un filtre passe-bande (Max 274) est placé entre la bobine de réception et la carte d'acquisition. C'est un filtre analogique actif constitué de quatre cellules d'ordre 2, conçu pour avoir un gain aussi constant que possible dans sa bande passante et est très faible dans la bande de coupure, la sélectivité de chaque cellule est ajustée par quatre résistances externes.

Gabarit de filtre

L'ensemble des contraintes de ce filtre est présenté sur le gabarit qui suit. La courbe expérimentale doit être située à l'intérieur du gabarit (Figure 2.15). Ce gabarit est paramétré par :

[Fc] = 16,666 KHz,

[Fbw] la bande passante de la fréquence = 3 KHz,

- [Fbw-] la première fréquence passante = 15,233 KHz,
- [Fbw+] la dernière fréquence passante = 18,233 KHz,

[Fsw] la bande d'atténuation de la fréquence = 25 KHz,

- [Fsw-] la dernière fréquence atténuée = 8,333 KHz,
- Fsw+] la première fréquence atténuée = 33,333 KHz

Le filtre est de type Butterworth d'ordre 8. Les gains de ce filtre sont donnés par le logiciel

[Amax] le gain maximum = -3 dB,

[Amin] le gain minimum = -73.6 dB,

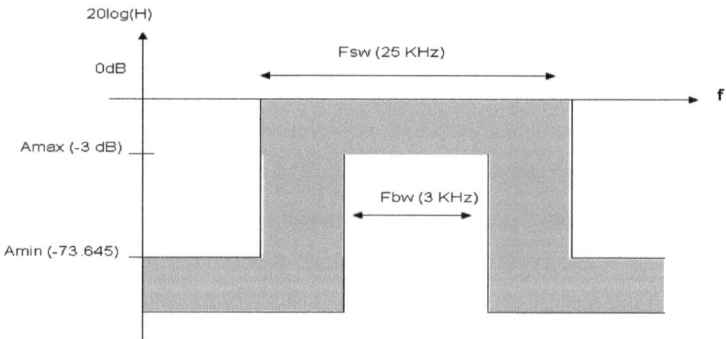

Figure 2.15 Schéma de gabarit du filtre de réception (Max 274).

La figure 2.16 est une cellule d'un circuit passe-bande accordé sur $2f_0$. Elle comprend quatre amplificateurs. On utilise quatre cellules d'ordre 2, afin d'atténuer la fréquence fondamentale f_0. La table 2.1 affiche les valeurs des résistances externes de chaque cellule.

Chapitre II : Système de détection et de codage

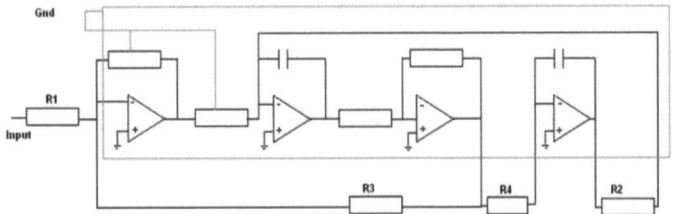

Figure 2.16 Schéma d'une cellule du filtre de réception, qui contient quatre amplificateurs.

Table 2.1 Valeurs des Résistances de filtre.

	Cellule 1	Cellule 2	Cellule 3	Cellule 4
R1	34 KΩ	32.4 KΩ	30.9 KΩ	29.4 KΩ
R2	130 KΩ	124 KΩ	115 KΩ	110 KΩ
R3	383 KΩ	150 KΩ	140 KΩ	324 KΩ
R4	124 KΩ	118 KΩ	110 KΩ	105 KΩ

La figure 2.17 montre la courbe du filtre simulé[13]. Elle fournit les valeurs de gain suivantes :

- Gain en fréquence $f_0 = 8{,}3$ KHz $\rightarrow G = -23$ dB,
- Gain en fréquence $f_0 = 16{,}6$ KHz $\rightarrow G = 50$ dB.

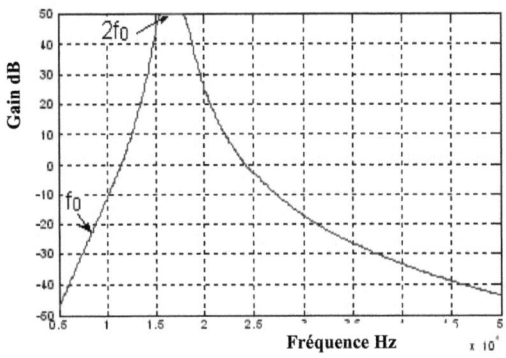

Figure 2.17 Gain du circuit passe bande (4 cellules filtre Butter Worth).

II.2.3.3 Cartes d'acquisition [PCI-6110, USB-6251]

Le capteur utilise systématiquement un signal d'excitation de type sinusoïdal, ce signal est réalisé en utilisant une carte d'acquisition de National Instrument. Deux types de cette carte ont été utilisés.

---

[13] programmé par: MAXIM FILTER DESIGN SOFTWARE.

Chapitre II : Système de détection et de codage

- La première carte **PCI-6110** est de 4 entrées analogiques et elle peut générer sur ses quatre sorties analogiques un signal de tension quelconque, dont l'amplitude maximale se situe entre -10 V et +10 V et dont sa fréquence d'échantillonnage peut aller jusqu'à 0,25 MS/s (Million d'échantillons par seconde). La fréquence optimale pour détecter le matériau nanocristallin est de 8333 H_Z = 250000 / 30 (la fréquence de l'échantillonnage / le nombre d'échantillonnage excité par période). Celle-ci reste dans la plage des fréquences autorisées pour un usage public (f < 9 KHz),

- La deuxième carte **USB-6251** est de 16 entrées analogiques et 1,25 MS/s sur chaque sortie. Les paramètres nécessaires pour l'acquisition ont été envoyés par l'ordinateur vers la carte d'acquisition.

II.2.3.4 Carte de connections [SCB-68]

Cette carte est utilisée avec la carte PCI-6110 pour assurer la communication entre la tête de détection et la carte d'acquisition.

II.2.3.5 Encodeur incrémental

Les opérations d'excitation et d'acquisition sont synchronisées par l'encodeur incrémental. Ce dernier est composé d'une roulette qui tourne avec le mouvement du capteur et d'un générateur qui convertit la rotation de la roulette en un signal électrique transmis à la carte d'acquisition.

4II.2.4 Interface logicielle

L'acquisition des données est effectuée par une interface paramétrable écrite avec deux logiciels différents.

II.2.4.1 Interface paramétrable [LabView]

L'acquisition des données est effectuée par une interface paramétrable écrite avec le logiciel LabView comme le montre la figure 2.18. Dans cette interface les mesures sont faites par LabView, puis la phase de conditionnement du signal se fait par un programme Matlab.

Chapitre II : Système de détection et de codage

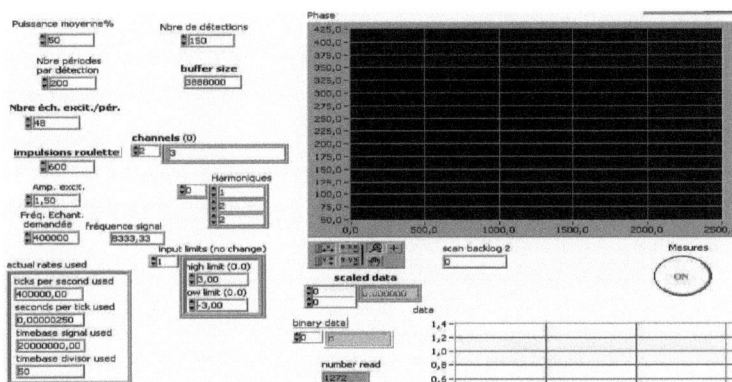

Figure 2.18 Exemple d'acquisition par interface du logiciel LabView.

II.2.4.2 Interface paramétrable actuelle [Matlab]

Dans la nouvelle interface paramétrable l'acquisition des données est effectuée par une interface paramétrable écrite avec le logiciel Matlab et illustrée sur la figure 2.19. L'acquisition et le conditionnement du signal ont été faits par la même programme. Les paramètres ajustables envoyés par l'ordinateur vers la carte pour réaliser une acquisition sont les suivants :

- le nombre de périodes par détection (Nb périodes/détection = 100),
- la fréquence d'échantillonnage (= 250 000),
- le nombre d'échantillons par période (= 30),
- le coefficient de roulette (1 impulsion chaque 4 mm),
- l'amplitude d'excitation (amplitude du signal d'excitation généré),
- la fréquence de réception (choix de l'harmonique par canal).

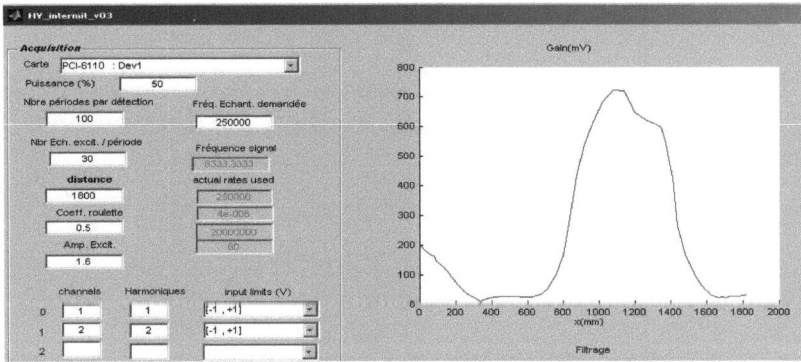

Figure 2.19 Exemple d'acquisition par interface du logiciel Matlab.

II.2.4.3 Détection synchrone

L'extraction d'un signal 'noyé' dans le bruit est réalisée par la technique de la détection synchrone (voir figure 2.20). Ce principe s'applique généralement à des signaux de très faibles amplitudes (μV).

L'idée de base consiste à calculer le déphasage et la variation du gain entre le signal émis et le signal reçu. Pour ce faire, le signal reçu R (t) est multiplié par un signal de même fréquence que le signal noyé.

A l'entrée :

- Signal émis : $E(t) = A\cos(\omega t)$, (2.6)
- Signal reçu : $R(t) = AK(\omega)\cos(\omega t - \varphi(\omega))$. (2.7)

A la sortie des multiplieurs :

$$V_1 = \frac{AK(\omega)}{2}\cos(\varphi(\omega)) \qquad (2.8)$$

$$V_2 = \frac{AK(\omega)}{2}\sin(\varphi(\omega)) \qquad (2.9)$$

Le gain et le déphasage se calculent de la manière suivante :

$$\varphi(\omega) = Arc\tan\left(\frac{V_1}{V_2}\right) \qquad (2.10)$$

$$K(\omega) = 20\log\left(\frac{2}{A}\sqrt{V_1^2 + V_2^2}\right) \qquad (2.11)$$

Il s'agit de déterminer le gain K (ω) et la phase φ (ω) qui permettent d'identifier le code. Ces calculs se font directement dans l'interface logicielle après l'acquisition.

Chapitre II : Système de détection et de codage

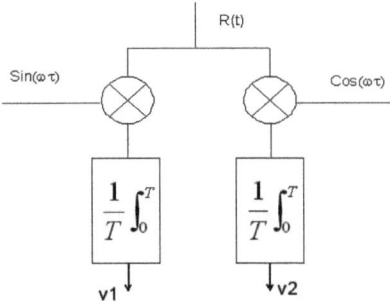

Figure 2.20 Principe de la détection synchrone.

II.2.5 Conditionnement du signal

Le signal d'acquisition peut être entaché de bruits parasites. Il s'agit de bruits présents sur l'ensemble du signal perturbant son amplitude et sa fréquence. Comme dans toute acquisition expérimentale, la phase de conditionnement des signaux est particulièrement importante pour obtenir le meilleur résultat lors de la phase de traitement des données. Un lissage de la courbe permet la conservation des caractéristiques du signal.

II.2.5.1 Filtrage numérique Chebyshev

Le bruit affectant les acquisitions est de fréquence supérieure à celle du signal de réception. Le filtre passe-bas atténue ce bruit et donne une meilleure approximation du signal reçu. L'application du filtre passe-bas ne doit pas modifier la forme de la réponse originelle. Après plusieurs essais, un filtrage numérique est effectué par le filtre de Chebyshev d'ordre 5 afin d'éliminer le bruit parasite qui déforme le signal. C'est un lissage de la courbe spatiale des amplitudes détectées. La Figure 2.21 illustre un lissage de la réponse d'un code d'une largeur de 25 mm et d'une longueur de 400 mm situé à une profondeur de 400 mm.

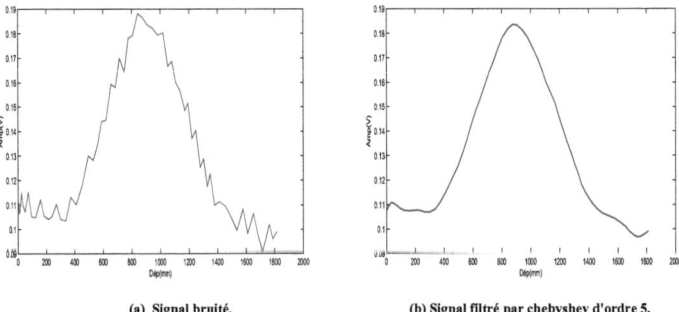

(a) Signal bruité.   (b) Signal filtré par chebyshev d'ordre 5.

Figure 2.21 Exemple de filtrage par Chebyshev.

II.2.5.2 Eliminer les dérives du signal

La qualité de l'acquisition est affectée par des dérives liées aux conditions ambiantes et plus particulièrement aux variations de température de l'électronique, ces dérives sont corrigées en tenant compte d'une propriété des codes à identifier. Nous savons, de part la conception des codes utilisés, que tous les minima du signal doivent être au même niveau. La correction de chacune des dérives d'un signal peut s'effectuer par une fonction affine linéaire par morceaux qui met tous les minima du signal au même niveau. Il suffit de mesurer la différence d'amplitude entre deux minima consécutifs du signal testé. La courbe peut être redressée correctement, la figure suivante (figure 2.22) montre l'élimination des dérives.

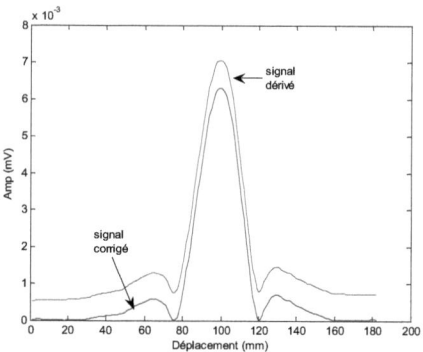

Figure 2.22 Elimination des dérives du signal.

II.2.5.3 Extraction structurelle des données

Après le conditionnement du signal, ses extrêmes sont détectés, puis les trois points maxima pertinents pour la détermination des paramètres structures sont retenus. La figure 2.23.a montre l'extraction des informations structurelles [KC+00], [DTOL04]. Sur la figure 2.23.b, les deux maxima du signal de la bobine transversale correspondent aux marqueurs transversaux, tout comme le maximum du signal de la bobine longitudinale correspond au marqueur longitudinal.

Chapitre II : Système de détection et de codage

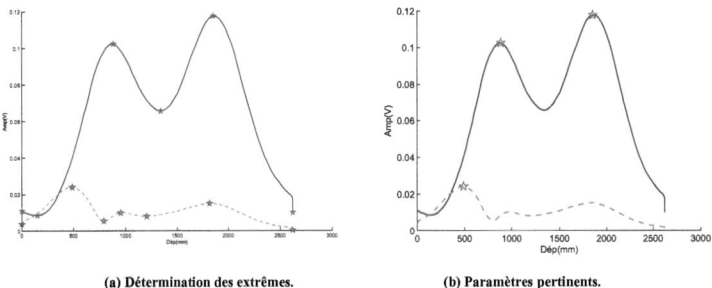

(a) Détermination des extrêmes.   (b) Paramètres pertinents.

Figure 2.23 Extraction structurelle des données.

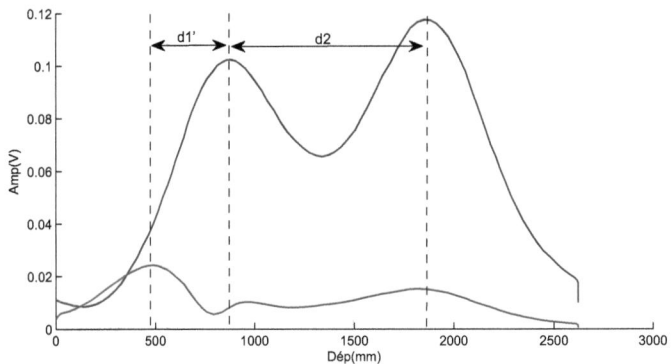

Figure 2.24 Calcul des distances structurelles.

Les distances d1', d2 entre les maxima sont déterminées comme le montre la figure 2.24 afin de préciser le code enterré.

Conclusion

L'idée de base de notre partenaire industriel est d'insérer à l'intérieur d'un grillage plastique (système actuel) un code détectable à distance permettant ainsi la localisation et l'identification sans aucune fouille.

Nous avons d'abord présenté dans ce chapitre les deux anciens systèmes. Dans ces travaux antérieurs réalisés au sein de notre laboratoire, un code métallique de type aluminium était mis en oeuvre comme code enterré. Le système de détection utilisait un capteur à balance d'induction. Ces systèmes comportaient des inconvénients :

- le premier système avait du mal à éliminer les effets indésirables dus aux bruits générés par la présence des parasites conducteurs.
- le problème rencontré dans le deuxième système de détection est lié à la nature du code. En effet, un code en aluminium n'est pas facilement industrialisable dans des grillages plastiques.

Ensuite, nous avons présenté le nouveau dispositif électronique développé au laboratoire. Nous avons remplacé le code métallique par un code magnétique, et adopté en conséquence un capteur de détection magnétique. Ce code est conçu avec un matériau très fin (épaisseur 20 µm) ayant une résistivité très élevée (135µ Ω.cm). Cela a permis de minimiser l'effet indésirable du courant de Foucault à cause de l'effet de peau, vu au précédent chapitre. De plus, l'industrialisation d'un grillage avec un matériau nanocristallin ayant cette épaisseur de 20µm est beaucoup plus facile que l'aluminium.

Chapitre III
Optimisation de la géométrie du capteur

Sommaire

III.1 Méthode de modélisation des champs... 66
    III.1.1 Rappel sur les travaux de Coulomb... 66
    III.1.2 Principe de la méthode DPSM... 67
    III.1.3 Sources ponctuelles... 67
    III.1.4 Conditions aux limites.. 68
    III.1.5 Résolution du problème... 69
III.2 Application au système de détection... 70
    III.2.1 Présentation de la configuration du système de détection................ 71
    III.2.2 Résolution des équations côté cible... 71
III.3 Résultat de la modélisation... 74
    III.3.1 Champ magnétique d'émission H.. 74
    III.3.2 Induction magnétique B... 74
    III.3.3 Composantes de champ H... 76
    III.3.4 Evaluation des composantes H_x et H_z à différentes profondeurs....... 75
III.4 Distribution des Champs H et B... 81
III.5 Optimisation de l'encombrement du capteur................................... 81
    III.5.1 Capteur.. 81
    III.5.2 Bobine d'émission... 82

Chapitre III : Optimisation de la géométrie du capteur

Introduction

Dans ce troisième chapitre, l'objectif est d'optimiser la géométrie du capteur (forme et dimension) afin de pouvoir détecter les codes à un mètre de profondeur. Cette optimisation dépend de la distribution des champs $\vec{H}$ et $\vec{B}$. Pour simplifier cette phase d'optimisation un peu compliquée, nous avons utilisée une méthode par éléments finis EF. Le laboratoire avait déjà utilisé une méthode développée par le Pr. D. Placko et son équipe [PLK01], [PLK02], [PK03], [LP02], [LPL03] au sein du SATIE qui a été reprise. Il s'agit de la méthode DPSM (Distributor Point Source Method).

Nous présentons d'abord les principes de la DPSM et le calcul du champ magnétique. Puis nous montrons ensuite comment cette méthode a été appliquée dans le contexte de notre dispositif. Enfin nous exposons les résultats et leurs implications.

III.1 Méthode de modélisation des champs

III.1.1 Rappel sur les travaux de Coulomb

La force de Coulomb entre deux charges ponctuelles immobiles dans le vide s'exprime par la relation :

$$\vec{F}_{1\to 2} = \frac{1}{4\pi\varepsilon_0} \cdot \frac{q_1 q_2}{r^2} \vec{e}_r \qquad (3.1)$$

où q_1 et q_2 sont deux charges électriques distantes de r et ε_0 est la permittivité électrique du vide.

On définit le champ électrostatique $\vec{E}$ (valeur vectorielle) créé en un point M par une charge q située à la distance r, par :

$$\vec{E} = \frac{1}{4\pi\varepsilon_0} \cdot \frac{q}{r^2} \vec{e}_r \; (V/m) \qquad (3.2)$$

On définit le potentiel électrostatique V (valeur scalaire) créé en un point M par une charge q située à la distance r, par :

$$V = \frac{1}{4\pi\varepsilon_0} \cdot \frac{q}{r} (Volt) \qquad (3.3)$$

La relation entre le champ électrostatique et le potentiel est :

$$\vec{E} = -\vec{\mathrm{grad}}\, V \qquad (3.4)$$

Chapitre III : Optimisation de la géométrie du capteur

III.1.2 Principe de la méthode DPSM

La méthode des sources ponctuelles réparties propose une distribution spatiale homogène des sources ponctuelles réparties au niveau des interfaces entre les différents milieux.

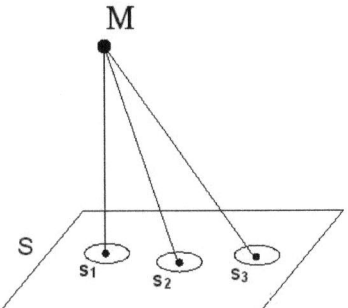

Figure 3.1 Construction de la source ponctuelle.

La surface active S (en majuscule) est divisée en un nombre fini N de surfaces élémentaires s_i. La figure 3.1 montre la distribution d'une surface active en trois surfaces élémentaires. Au centre de ces surfaces, sont placées respectivement trois sources ponctuelles s_1, s_2 et s_3. On s'intéresse à l'action de ces sources en un point M.

III.1.3 Sources ponctuelles

Dans cette formulation, la DPSM fait intervenir des sources ponctuelles directes dans la mesure où la grandeur recherchée est le flux φ émis par la source.

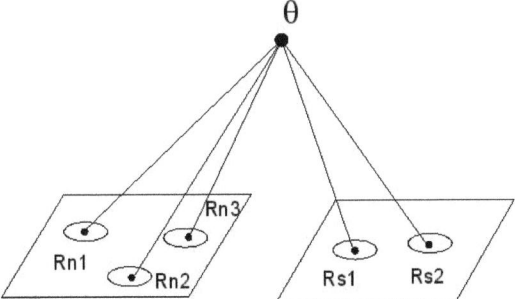

Figure 3.2 Ensemble des surfaces actives désignées par le pôle nord et le pôle sud.

La figure 3.2 représente un système magnétostatique très simplifié composé de deux surfaces actives. Les pôles nord et sud comportent respectivement 3 et 2 surfaces élémentaires, les charges étant respectivement positives et négatives. Les grandeurs θ, $\vec{V}$ et φ respectivement le potentiel scalaire, la grandeur vectorielle et le flux sont calculées en un point M de l'espace. Pour exemple, le potentiel scalaire au point M, compte tenu de l'équation 3.3, peut être obtenu par la superposition des contributions de chaque source :

$$\theta(M) = K\left(\sum_{i=1}^{3}\frac{q_{Ni}}{R_{Ni}} - \sum_{j=1}^{2}\frac{q_{sj}}{R_{sj}}\right) \quad (3.5)$$

où q_{Ni} représente la $i^{ième}$ source du pôle nord,

q_{Sj} représente la $j^{ième}$ source du pôle sud,

R_{Ni} représente la distance entre la $i^{ième}$ source et le point M,

R_{Sj} représente la distance entre la $j^{ième}$ source et le point M.

III.1.4 Conditions aux limites

La méthode présentée ici a pour objectif de retrouver la valeur des N sources en imposant N conditions aux limites en ne considérant que deux surfaces actives : celles des pôles nord et sud précédemment définis. A ce stade, la DPSM permet de calculer le potentiel scalaire θ, la grandeur vectorielle **V** et le flux φ de V à travers l'élément de surface ds, à partir de la connaissance de chacune des sources q_{Ni} ou q_{Si}.

Dans cette formulation, la DPSM fait intervenir des sources ponctuelles directes, dans la mesure où la grandeur recherchée est le flux φ émis par la source. La contribution de chacune des sources en un point M$_{Ni}$ s'exprime comme la somme vectorielle ou scalaire de l'action des N sources présentes sur les deux surfaces. L'équation 3.5 peut être étendue à un système de N_N sources sur le pôle nord et N_S sources sur le pôle sud, ce qui nous donne le système matriciel suivant :

$$\begin{pmatrix}\theta_{N_1}\\ \vdots\\ \theta_{N_N}\\ \theta_{S_1}\\ \vdots\\ \theta_{S_N}\end{pmatrix} = \begin{pmatrix}\theta_N\\ \vdots\\ \theta_N\\ \theta_S\\ \vdots\\ \theta_S\end{pmatrix} = k\begin{pmatrix}\begin{pmatrix}F_{N_1N_1} & \cdots & F_{N_1N_N}\\ \vdots & \ddots & \vdots\\ F_{N_NN_1} & \cdots & F_{N_NN_N}\end{pmatrix} & \begin{pmatrix}F_{N_1S_1} & \cdots & F_{N_1S_N}\\ \vdots & \ddots & \vdots\\ F_{N_NS_1} & \cdots & F_{N_NS_N}\end{pmatrix}\\ \begin{pmatrix}F_{S_1N_1} & \cdots & F_{S_1N_N}\\ \vdots & \ddots & \vdots\\ F_{S_NN_1} & \cdots & F_{S_NN_N}\end{pmatrix} & \begin{pmatrix}F_{S_1S_1} & \cdots & F_{S_1S_N}\\ \vdots & \ddots & \vdots\\ F_{S_NS_1} & \cdots & F_{S_NS_N}\end{pmatrix}\end{pmatrix}\begin{pmatrix}q_N\\ \vdots\\ q_N\\ q_s\\ \vdots\\ q_s\end{pmatrix} \quad (3.6)$$

soit en notation concaténée :

Chapitre III : Optimisation de la géométrie du capteur

$$\begin{pmatrix} \theta_{N_1} \\ \vdots \\ \theta_{N_N} \\ \theta_{S_1} \\ \vdots \\ \theta_{S_N} \end{pmatrix} = \begin{pmatrix} (\theta_N) \\ (\theta_S) \end{pmatrix} = K \begin{pmatrix} (F_{NN}) & (F_{NS}) \\ (F_{SN}) & (F_{SS}) \end{pmatrix} \begin{pmatrix} q_N \\ q_S \end{pmatrix} = k(F) \begin{pmatrix} (q_N) \\ (q_S) \end{pmatrix}$$

(3.7)

où la fonction F représente l'inverse de la distance considérée, c'est à dire :

- $F_{NiSj} = \dfrac{1}{R_{NiSj}}$ pour l'action de la $i^{ème}$ source du pôle nord sur le sommet de la $j^{ème}$ source du pôle sud,

- $F_{SiNj} = \dfrac{1}{R_{SiNj}}$ pour l'action de la $i^{ème}$ source du pôle sud sur le sommet de la $j^{ème}$ source du pôle nord,

- $K = \dfrac{1}{4\pi\mu_0}$.

L'équation 3.7 permet donc de remonter aux valeurs des sources q_N et q_S dès que $(N_N + N_S)$ conditions aux limites sont posées sur les N_N valeurs de θ_N et N_S valeurs de θ_S. Par conséquent, connaissant la valeur des flux élémentaires de chacune des sources ponctuelles, il est possible de calculer les grandeurs scalaires et vectorielles dans tout l'espace.

III.1.5 Résolution du problème

A ce stade du calcul, la DPSM établit la relation matricielle liant le potentiel scalaire aux sources ponctuelles placées au centre des surfaces actives, soit :

$$[\theta] = K.[F][q] \Rightarrow [q] = K^{-1}.[F]^{-1}.[\theta]$$

(3.8)

Cette dernière équation permet donc de remonter aux valeurs des sources q_N et q_S dès que $(N_N + N_S)$ conditions aux limites sont posées sur les N_N valeurs de θ_N et les N_S valeurs de θ_S. Dès lors, connaissant la valeur des charges de chacune des sources ponctuelles, il est possible de calculer les grandeurs scalaires et vectorielles dans tout l'espace.

La matrice F possède les propriétés suivantes :
- matrice strictement positive proportionnelle au carré de la distance,
- matrice non creuse (tous les termes de la matrice sont non nuls),

- matrice bien conditionnée,
- matrice carrée 5 x 5,
- la diagonale de F est constituée des diagonales de F_{NN}, F_{SS},
- matrice symétrique.

III.2 Application au système de détection

Dans le cadre de la DPSM, avec la connaissance de la grandeur scalaire, l'inversion de la matrice F permettait de remonter aux valeurs des charges (équation 3.8). Mais ce type de charges n'est pas aisément « manipulable » par l'utilisateur, ce dernier agit directement sur un courant, voire une tension. Ce paragraphe reformule la DPSM pour qu'elle puisse s'appliquer à des sources de courants élémentaires, en se fondant sur la loi de Biot et Savart. Mais cette loi permet de déterminer le champ magnétique, donc la grandeur vectorielle, et non plus la grandeur scalaire. La forme matricielle est modifiée puisque chaque source induit trois composantes de champ au même point de calcul comme le montre l'équation ci-dessous :

$$\begin{pmatrix} H_{x1} \\ H_{y1} \\ H_{z1} \\ \vdots \\ H_{xN} \\ H_{yN} \\ H_{zN} \end{pmatrix} = k \begin{pmatrix} F_{1.1} & \cdots & F_{1.N} \\ \vdots & \ddots & \vdots \\ F_{3N.1} & \cdots & F_{3N.N} \end{pmatrix} \begin{pmatrix} I_1 \\ \vdots \\ I_N \end{pmatrix} = K \begin{pmatrix} F_{1.1} & \cdots & F_{1.N} \\ \vdots & \ddots & \vdots \\ F_{3N.1} & \cdots & F_{3N.N} \end{pmatrix} . (I) \quad (3.9)$$

où N représente en même temps le nombre d'éléments de courant et le nombre identique de points de calcul placés n'importe où dans l'espace. Au lieu de poser des conditions aux limites sur les grandeurs scalaires, il est possible d'imposer des conditions aux limites vectorielles[14]. La matrice F n'est donc plus carrée mais de dimension 3N x N, puisque une source Sj crée en un point de calcul trois composantes de champ Hx, Hy et Hz. En effet, la DPSM a montré comment il était possible de relier la grandeur scalaire ou vectorielle recherchée aux charges des sources ponctuelles réparties sur les surfaces actives.

---

[14] Comme pour tout problème d'échantillonnage, il peut arriver que le nombre de sources sur la cible soit insuffisant, et que le potentiel varie fortement d'un sommet P_k à un sommet P_{k+1}. Pour introduire un critère permettant d'évaluer ces variations éventuelles, il est proposé de travailler sur la grandeur vectorielle plutôt que sur la grandeur scalaire.

Chapitre III : Optimisation de la géométrie du capteur

III.2.1 Présentation de la configuration du système de détection

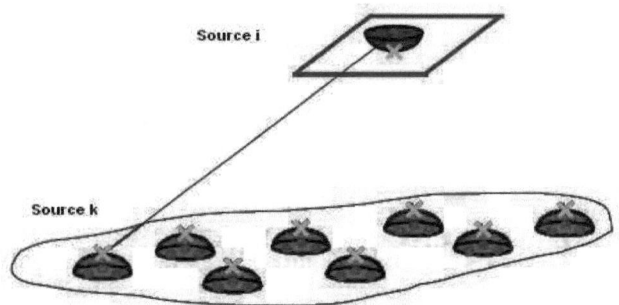

Figure 3.3 Configuration d'un capteur face à une cible.

Sur cette figure, il n'est représenté qu'une seule source ponctuelle du capteur et huit sources ponctuelles sur la cible. La source i crée un potentiel incident θ_i sur la source k, qui réémet un potentiel réfléchi [Ash03], [Ros02], [TEC].

$$\theta_r = \rho \theta_i \quad (3.10)$$

Il est désormais possible d'utiliser la DPSM en fixant des conditions aux limites de la cible sur les composantes de champ. La présence d'une cible est caractérisée dans la DPSM par son coefficient de réflexion ρ = -1 qui traduit son comportement magnétique [Pop05], [DP93], [DP94].

III.2.2 Résolution des équations côté cible

- Le champ magnétique d'incidence $\vec{H}$ créé sur la cible par le capteur est relié aux sources de flux du capteur φ_S, par [PK03], [LP02] :

$$\vec{H} = M_{TS} \cdot \vec{\varphi}_S \quad (3.11)$$

où la matrice M_{TS} est la matrice de couplage entre le champ d'émission $\vec{H}$ et le flux de capteur φ_S.

- Le champ magnétique $\vec{B}$ créé par les triplets de la cible est relié au sources de flux de la cible φ_T, par :

$$\vec{B} = M_{TT}.\vec{\varphi}_T \qquad (3.12)$$

où la matrice M_{TT} est la matrice de couplage entre le champ d'induction $\vec{B}$ et le flux de la cible φ_T.

- Le champ induit par la cible peut être comparé au champ émis par le capteur grâce à l'équation suivante :

$$\vec{B} = \rho.\vec{H} \qquad (3.13)$$

D'après les équation 3.12 et 3.13, on peut déduire que :

$$M_{TT}.\vec{\varphi}_T = RHO_T.M_{TS}.\vec{\varphi}_S = RHO_T.M_{TS}.I_S \qquad (3.14)$$

Le flux d'induction est donné par :

$$\vec{\varphi}_T = M_{TT}^{-1}.RHO_T.M_{TS}.I_S \qquad (3.15)$$

où la matrice M_{TT} reste carrée, mais au lieu de comporter N_T x N_S points elle est de dimension $3N_T$ x $3N_T$ et $RHOT = \begin{pmatrix} \rho & 0 & 0 \\ 0 & \rho & 0 \\ 0 & 0 & -\rho \end{pmatrix}$.

Pour calculer la matrice M_{TS} qui représente le champ créé par la source $S_i(X,Y,Z)$ sur le triplet de la cible $T_i(Cx,Cy,Cz)$.

Nous allons commencer par le calcul de la distance entre les points i et j tel que :

$$R_{i,j} = \sqrt{(X-Cx)^2 + (Y-Cy)^2 + (Z-Cz)^2} \qquad (3.16)$$

Le potentiel scalaire θ :

$$\theta = \frac{F}{2.\pi.\mu_0.R} \qquad (3.17)$$

où F représente le flux émis par la source dans un demi-espace. Les trois composantes h(x), h(y), h(z) du champ H_{TSx} :

Chapitre III : Optimisation de la géométrie du capteur

$$H = -\frac{d\theta}{dR} \tag{3.18}$$

Les composantes du champ sont calculées par :

$$h(x) = -\frac{d\theta}{dR}\cdot\frac{dR}{dx}$$
$$h(y) = -\frac{d\theta}{dR}\cdot\frac{dR}{dy} \tag{3.19}$$
$$h(z) = -\frac{d\theta}{dR}\cdot\frac{dR}{dz}$$

On remarquera que :

$$\frac{d\theta}{dR} = \frac{F}{(2.\pi.\mu_0.R^2)} = \theta^2.(\frac{2.\pi.\mu_0}{F}) \tag{3.20}$$

$$\frac{dR}{dx} = (1/2).2.\frac{(X-Cx)}{R} = \frac{(X-Cx)}{R} = (X-Cx).\theta.(\frac{2.\pi.\mu_0}{F}) \tag{3.21}$$

Donc, les composantes du champ peuvent s'exprimer directement en fonction de θ :

$$h(x) = (X - Cx).\theta^3.(\frac{2.\pi.\mu_0}{F})^2$$
$$h(y) = (Y - Cy).\theta^3.(\frac{2.\pi.\mu_0}{F})^2 \tag{3.22}$$
$$h(z) = (Z - Cz).\theta^3.(\frac{2.\pi.\mu_0}{F})$$

Les composantes du champ en fonction de la $R_{i,j}$ entre les points i,j sont :

$$h_{TSax} = \frac{F}{2.\pi.\mu_0.R_{i,j}^3}.(X_i - Cx_j) \tag{3.23}$$

$$h_{TSbx} = \frac{F}{2.\pi.\mu_0.R_{i,j}^3}.(X_i - Cx_j) \tag{3.19}$$

$$h_{TScx} = \frac{F}{2.\pi.\mu_0.R_{i,j}^3}.(X_i - Cx_j) \tag{3.20}$$

De même façon on calcule les matrices M_{TSx}, M_{TSy} et M_{TSz} afin de trouver la matrice M_{TS}

$$M_{TS} = \begin{pmatrix} M_{TSx} \\ M_{TSy} \\ M_{TSz} \end{pmatrix} = \begin{pmatrix} h_{TSax} & h_{TSbx} & h_{TScx} \\ h_{TSay} & h_{TSby} & h_{TScy} \\ h_{TSaz} & h_{TSbz} & h_{TScz} \end{pmatrix} \tag{3.22}$$

On calcule la M_{TT} de la même manière que précédemment.

III.3 Résultat de la modélisation

Nous calculons les composantes H_X, H_Y et H_Z pour optimiser le placement des bobines de réception par rapport à la bobine d'émission.

III.3.1 Champ magnétique d'émission

La méthode DPSM utilise la formule de Biot et Savart pour calculer le champ émis par la bobine d'émission. Le champ émis par une source de courant (i.dl) selon la méthode DPSM est déterminé par :

$$H = \frac{N.I_s}{4\pi} \frac{\vec{dl} \wedge \vec{R}}{R^3} \qquad (3.23)$$

avec N est le nombre de spires de la bobine d'émission et I_s le courant qui la traverse.

La figure 3.14 montre que le champ est une fonction impaire de Z. Ceci est cohérent avec le fait que le plan Z est un plan de symétrie.

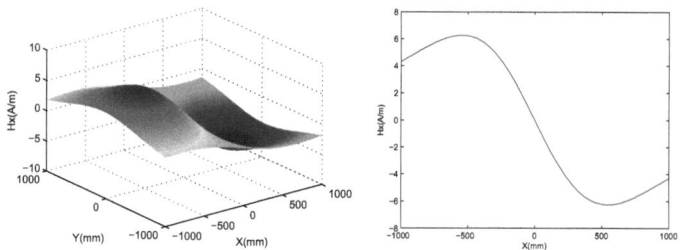

Figure 3. 4 Composante H_X du champ d'émission.

Cette figure montre aussi que :
- La valeur maximale de la composante x du champ est de $H_X = 7$ A/m,
- La position de la valeur maximale du champ est à 520 mm du centre de la bobine d'émission. Donc, on peut justifier la position de la bobine de réception par la méthode DPSM.

III.3.3 Induction magnétique $\vec{B}$

Après avoir calculé M_{TS} et M_{TT}, il est possible d'obtenir le flux au niveau de la cible. L'équation permettant de calculer l'induction magnétique est alors (équation 3.15) :

Chapitre III : Optimisation de la géométrie du capteur

$$\vec{\varphi}_T = M_{TT}^{-1}.\rho.M_{TS}.\vec{I}_S \qquad (3.24)$$

La figure 3.15 affiche la composante x du champ d'induction $\vec{B}$ de la cible à la profondeur d'un mètre. B_X a la même forme que H_X. La valeur maximale de B_X est de 60 Tesla. La taille du code est 50 x 300 mm.

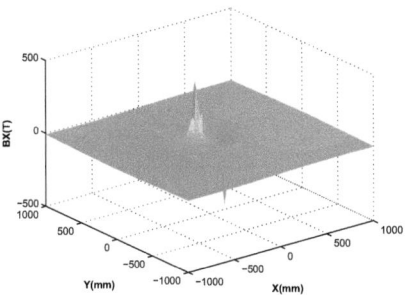

Figure 3.5 Composante B_X du champ d'induction.

III.3.4 Composantes de champ $\vec{H}$

Les résultats de simulation des composantes du champ d'excitation $\vec{H}$ pour une profondeur de 1 000 mm par la méthode DPSM sont présentés sur les graphes de la figure 3.6.

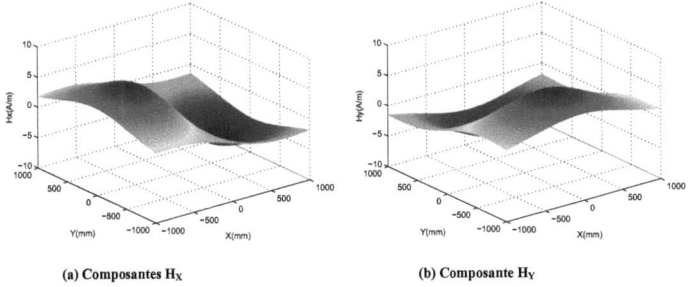

(a) Composantes H_X (b) Composante H_Y

76 _____ **Chapitre III : Optimisation de la géométrie du capteur** _____

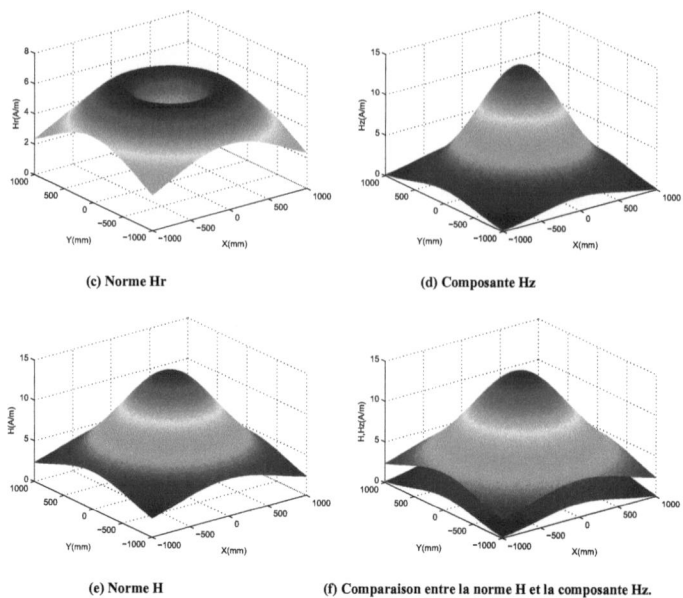

(c) Norme Hr   (d) Composante Hz

(e) Norme H   (f) Comparaison entre la norme H et la composante Hz.

Figure 3.6 Les trois composantes du champ à une profondeur de 1000 mm.

Les figures 3.6.a et 3.6.b montrent l'évolution des composantes H_X et H_Y en fonction des paramètres : champ d'excitation et profondeur indiqués précédemment. H_X et H_Y ont le même comportement en raison de la symétrie axiale autour de z (figures 3.6.a, 3.6.b 3.6.c), et la norme $H_r = \sqrt{H_x^2 + H_y^2}$. Cette norme, nulle au centre de la bobine, présente en son sommet une forme concave. La figure.3.6.d montre le comportement de la composante H_z, La norme $H = \sqrt{H_x^2 + H_y^2 + H_z^2}$ du champ présente quant à elle un sommet en forme convexe (fig.3.6.e). Une représentation de $\vec{H}$ et de H_z est illustrée sur la figure 3.6.f. Nous remarquons ainsi que la norme $\vec{H}$ a la même forme que la composante H_Z.

III.3.5 Evaluation des composantes H_x et H_z à différentes profondeurs

Plusieurs simulations des composantes du champ magnétique $\vec{H}$ ont été faites pour visualiser leur évolution à différentes profondeurs :

Chapitre III : Optimisation de la géométrie du capteur

- Les figures ci-dessous montrent les graphiques obtenus pour une profondeur nulle.

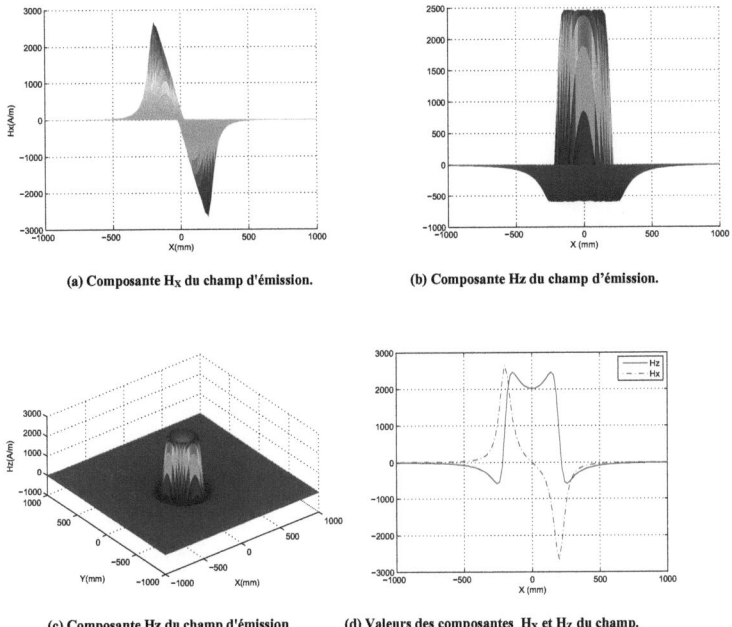

(a) Composante H_X du champ d'émission.

(b) Composante H_Z du champ d'émission.

(c) Composante H_Z du champ d'émission

(d) Valeurs des composantes H_X et H_Z du champ.

Figure 3.7 Evaluation du champ $\vec{H}$ à la profondeur de 0 mm.

La figure 3.7.a montré une parfaite symétrie par rapport à l'origine de la composante H_X du champ magnétique. Cette composante H_X est nulle au centre de la bobine. La position de l'intensité maximale de ce champ (~2 800 A/m) se trouve à la verticale de la couronne de la bobine. Compte tenu du fait qu'on est en présence d'une bobine plate, le comportement de H_Y est similaire à H_X (Fig. 3.7.b). Par contre la composante H_Z présente une valeur maximale sur le creux de la bobine et elle est nulle ailleurs. On note sur la figure 3.7.c que cette composante H_Z admet un sommet de forme concave. Ce phénomène est observé sur la figure 3.7.d où deux composantes H_X et H_Z sont représentées. Cette forme concave sur H_Z est due au fait que le champ est simulé sur la couronne de la bobine d'émission.

- les figures ci-après montrent les graphiques obtenus pour une profondeur de 200 mm.

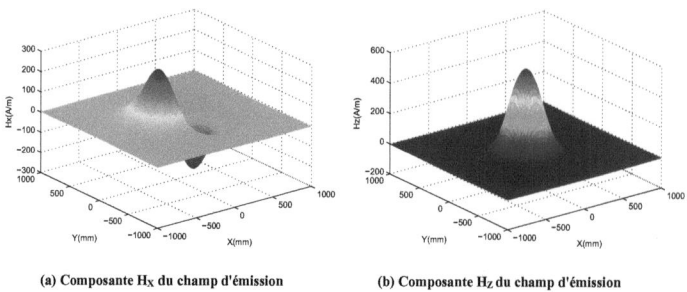

(a) Composante H_X du champ d'émission   (b) Composante H_Z du champ d'émission

Figure 3.8 Evaluation du champ $\vec{H}$ à la profondeur de 200 mm

Sur la figure 3.8.a nous remarquons que H_X est toujours symétrique et qu'elle est nulle en son centre. Cependant, l'intensité maximale du champ (~ 120A/m) est observée à une distance de 400 mm du centre de la bobine. Ceci la met au delà de sa couronne. H_Z est plus régulier mais nous ne remarquons aucun effet de H_X en raison du fait qu'en son sommet, nous observons un maximum de forme convexe comme le montre la figure3.8.b.

- les figures suivantes montrent les graphiques obtenus pour une profondeur de 1000 mm.

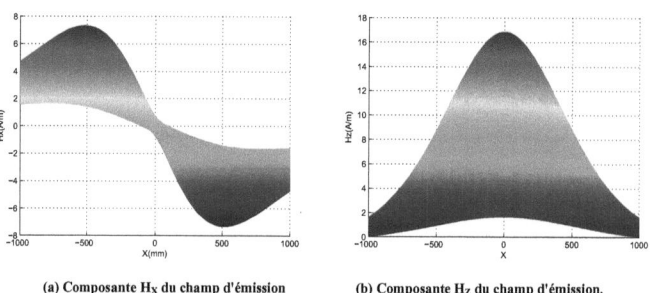

(a) Composante H_X du champ d'émission   (b) Composante H_Z du champ d'émission.

Chapitre III : Optimisation de la géométrie du capteur

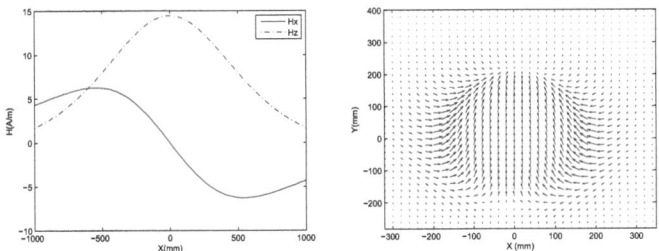

(c) Maxima des valeurs des composantes H_X et H_Z du champ. (d) Orientation de la composante H_Z du champ.

Figure 3.9 Evaluation du champ $\vec{H}$ à la profondeur de 1000 mm.

La figure 3.9.a montré que la composante H_X a toujours une symétrie par rapport à l'origine et qu'elle nulle au centre de la bobine. Le maximum de H_X (~7A/m) est observé à une distance de 520 mm par rapport au centre de la bobine. Ceci place la valeur maximale de la composante H_X à l'extérieur de la couronne de la bobine. Le comportement de H_Z est plus régulier comme la montre la figure 3.9.b. En effet, la figure 3.9.c montre les composantes H_X et H_Z en fonction de la distance. L'orientation du champ H_Z est représentée sur la figure 3.9.d.

Conclusion

L'évolution des composantes du champ $\vec{H}$ en fonction de la profondeur montre les points suivants :

- La valeur du maximum de H_X diminue avec l'augmentation de la profondeur. La position de ce maximum s'éloigne alors du centre de la bobine d'émission.
- La forme du maximum de H_Z est concave ou convexe en fonction du lieu de la mesure.

Les graphes de la figure 3.10 montrent les résultats de la simulation du comportement des composantes H_X et H_Z du champ d'excitation $\vec{H}$ pour différentes profondeurs.

Chapitre III : Optimisation de la géométrie du capteur

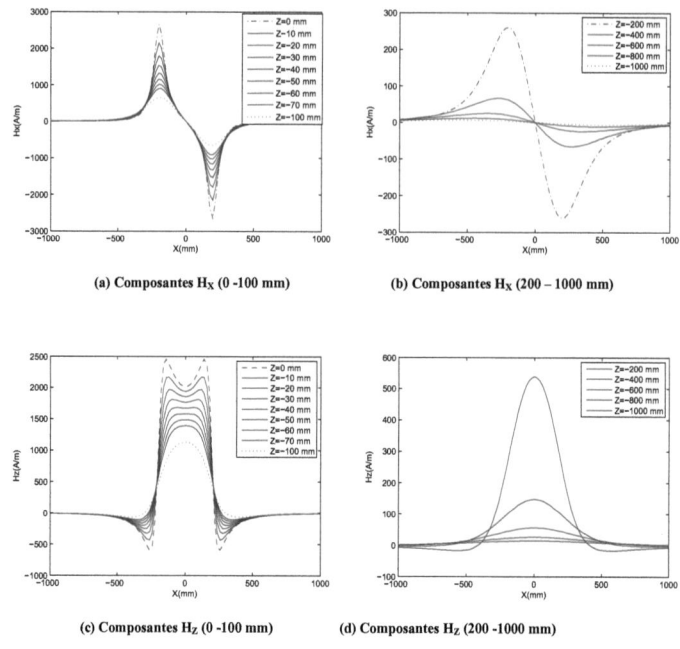

(a) Composantes H_X (0 -100 mm) (b) Composantes H_X (200 – 1000 mm)

(c) Composantes H_Z (0 -100 mm) (d) Composantes H_Z (200 -1000 mm)

Figure 3.10 Comparaison entre des composantes du champ $\vec{H}$ à des profondeurs différentes.

Les figures 3.10.a et 3.10.b montrent les courbes de H_X obtenues pour différentes profondeurs comprises entre 0 et 1 000 mm. Nous remarquons qu'en fonction des différentes profondeurs H_X garde la même forme. Ainsi, le lieu des points où l'intensité de la composante H_X est maximum est une couronne centrée sur l'axe de la bobine d'émission. Le diamètre de cette couronne augmente avec la profondeur tandis que la valeur du maximum décroît rapidement (simulation entre 0 et 100 mm) avec l'augmentation de la profondeur (200 à 1 000 mm). Les figures 3.20.c et 3.10.d donnent les graphes de H_Z recueillis lors des mêmes simulations (variation des profondeurs). Nous remarquons la disparition de la forme concave existant au sommet des courbes d'évolution de l'intensité de la composante H_Z. Cet effacement de la forme concave dépend de la position de la profondeur. Ce constat est parfaitement visible lorsque cette profondeur atteint des valeurs comprises entre 200 et 1 000 mm (figure 3.10.d).

Chapitre III : Optimisation de la géométrie du capteur

III.4 Distribution des Champs $\vec{H}$ et $\vec{B}$

La distribution des lignes de champ $\vec{H}$ générées par la bobine d'émission est donnée par la relation suivante :

$$r(\beta) = r_0 (\sin \beta)^2 \qquad (3.25)$$

où r_0, est la distance maximale entre le point d'origine du champ et la ligne d'iso valeur de $\vec{H}$, ($r_0 > 0$).

Les figures 3.12 présentent les distributions des champs $\vec{H}$ et $\vec{B}$. Une coupe verticale du champ d'émission $\vec{H}$ est donnée par figure 3.12.a. Les lignes de champ admettent une symétrie axiale Oz. Elles sont canalisées par la bobine et se referment à l'infini. En effet, le matériau magnétique se présente sous la forme d'un ruban de faible épaisseur (20 µm). Il est modélisable par une bobine orientée horizontalement (Fig. 3.12.b). Lorsqu'il est excité par le champ $\vec{H}$ décrit précédemment, il réagit en émettant un champ $\vec{B}$ dont les lignes se referment à l'infini. Il est perçu par la bobine de réception située verticalement à l'avant du capteur.

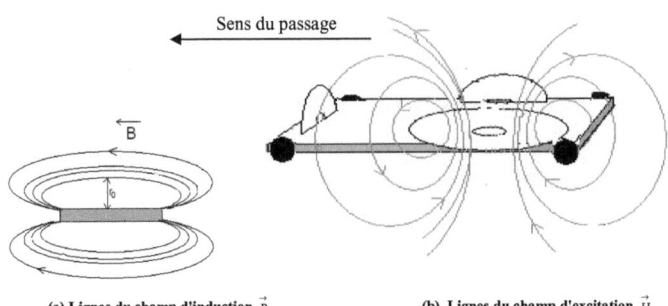

(a) Lignes du champ d'induction $\vec{B}$ (b) Lignes du champ d'excitation $\vec{H}$

Figure 3.11 Représentation de la distribution des champs $\vec{H}$ et $\vec{B}$.

III.5 Optimisation de l'encombrement du capteur

III.5.1 Capteur

Le capteur (figure 3.12) est monté sur un chariot de 640 mm de longueur et de 400 mm de largeur respectivement notées X_C et Y_C. Il est constitué d'une bobine d'émission et de deux bobines de réception. La bobine d'émission est excentrée comme la montre la figure 3.12.a. Les axes de symétrie des deux bobines de réception doivent former un angle de

Chapitre III : Optimisation de la géométrie du capteur

90° lorsqu'elles sont placées sur le chariot. Suivant les résultats de la simulation, la bobine de réception L doit être excentrée à 520 mm du centre de la bobine d'excitation à l'avant du chariot. De même la bobine de réception T doit être excentrée à 520 mm du centre de la bobine d'excitation et elle doit être placée sur un coté du chariot. Pour des raisons liées à la fois aux dimensions du code spécifique (300 mm x 1000 mm) et du chariot, les positions des deux bobines ont été déterminées de façon à répondre à ce cahier des charges tout en obtenant un bon signal de réception. La figure 3.12.b donne le schéma du chariot expérimental avec toutes les dimensions.

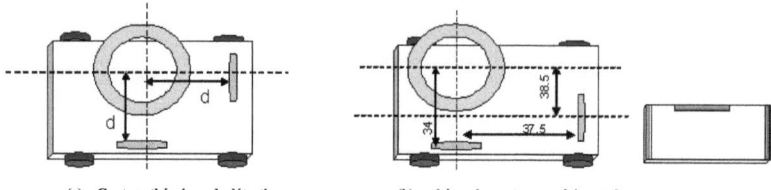

(a) Capteur théorique de détection.   (b) schéma du capteur expérimental.

Figure 3.12 Schéma du chariot

Pour un courant d'intensité I = 10 A, la bobine d'émission fournit un champ maximal H_X égal à 7,2 A/m à une profondeur Z de 1 m. Pour ces paramètres, la valeur de d est de 520 mm dans le plan horizontal par rapport au centre de la bobine d'émission.

III.5.2 Bobine d'émission

Afin de réduire l'encombrement du capteur réalisé lors des travaux antérieurs, nous avons diminué la taille de la bobine d'émission et en conséquence réduit la distance d[15].

Pour cela, nous avons gardé la même longueur de fil ℓ (ici 111,8 m), avons changé le rayon de la bobine r_b d'émission et augmenté le nombre de spires :

$$N = \ell/(2.\pi.r_b^2). \qquad (3.26)$$

Les figures 3.22.a et 3.22.b présentent respectivement l'évolution du rayon de la bobine d'émission en fonction du nombre de spires et l'influence de la taille de cette bobine sur la composante H_X du champ d'excitation. Ainsi, pour une longueur de fil donnée, nous avons quasiment réduit par deux le diamètre de la bobine. Nous avons obtenu une forme et une amplitude du champ H_X dont les valeurs sont similaires à celles obtenues avec la bobine d'origine (Figure 3.22.b).

---

[15] d : est la position de la valeur maximale de la composante H_X dans le plan horizontal par rapport au centre de la bobine d'émission.

Chapitre III : Optimisation de la géométrie du capteur

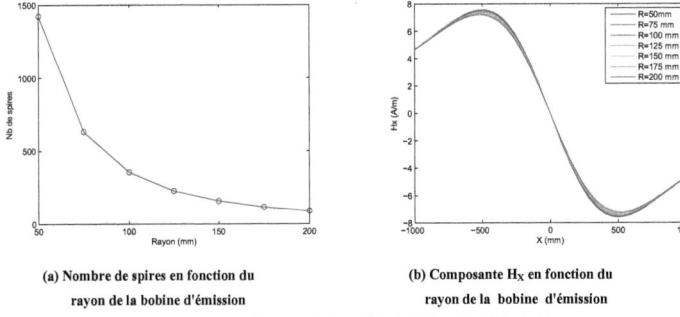

(a) Nombre de spires en fonction du rayon de la bobine d'émission

(b) Composante H_X en fonction du rayon de la bobine d'émission

Figure 3.13 Influence de la taille de la bobine d'émission.

Le calcul des valeurs maximales (max) de H_X en fonction du rayon de la bobine a été effectué par simulation (DPSM). Les résultats sont présentés dans le tableau 3.1. Ils montrent que H_X reste à une valeur comprise entre 7,2 et 7,5 A/m. Ce calcul révèle également que la distance d, entre la valeur maximale de H_X et le centre de la bobine d'émission, est comprise entre 500 et 520 mm.

Tableau 3.1 Simulation des bobines de capteur.

Rayon des spires (mm)	Nombre de spires	Max Hx (A/m)	d (mm)
200	89		520
175	116	7,2	520
150	158	7,3	500
125	227	7,4	500
100	356	7,5	500
75	633	7,5	500
50	1423	7,5	520

Remarque

L'encombrement de la bobine d'émission est réduit sans diminuer la distance de détection, en conséquence sans dégrader les performances du capteur.

Conclusion

Dans ce chapitre nous avons effectué d'abord un rappel de la méthode DPSM (Distributor Point Source Method). Cette méthode a été appliquée au système pour modéliser les champs $\vec{H}$ et $\vec{B}$ afin d'optimiser les paramètres géométriques du capteur. Cette modélisation a montré l'existence d'une valeur crête de la composante H_X du champ magnétique. Cette valeur qui est égale à 7,2 A/m correspond sur le cycle d'Hystérésis à la valeur du champ qui sature le matériau, donnant en conséquence une réponse non linéaire du code. De plus, cette modélisation indique que la valeur maximale de H_X se trouve à 520 mm du centre de la bobine d'émission. A cette distance le code est fortement excité. C'est pour cela que nous allons placer les bobines de réception sur le chariot à 520 mm du centre de la bobine d'émission de manière à détecter au mieux la réponse du code. Cette modélisation montre également qu'à un mètre de profondeur, la composante B_X du champ $\vec{B}$ atteint son maximum.

Par ailleurs, la composante H_X ou H_Y du champ d'excitation a la forme d'un monticule avec une base circulaire et un sommet en forme convexe. Quand à H_Z, son sommet présente une forme variable en fonction de la profondeur Z. Elle est de forme concave pour Z inférieure à 50 mm. Pour Z > 50 mm, H_Z présente un sommet en forme convexe.

Enfin, nous avons montré l'agencement du chariot. Ainsi, nous avons mis l'accent sur compromis entre les paramètres théoriques et expérimentaux (conception du chariot). Pour répondre au cahier des charges (avoir un chariot mobile facilement utilisable), nous avons été du de placer la bobine d'émission au centre de chariot, la bobine de réception longitudinale à l'avant et la bobine de réception transversale sur le coté du chariot. Ces éléments sont positionnés à des distances très précises sur le chariot (cf figure 3.21.b).

Pour conclure ce chapitre, l'étude de certains paramètres expérimentaux tels que la valeur maximale de la composante H_X, la position de cette valeur par rapport au centre de la bobine d'émission ont permis de réduire l'encombrement du chariot capteur sans diminuer son efficacité.

Chapitre IV
Mesures expérimentales

Sommaire

IV.1 Comportement du matériau.. 86
    IV.1.1   Non linéarité du matériau.. 86
    IV.1.2   Influence de l'orientation de matériau........................ 90
IV.2 Mesure du cycle d'Hystérésis réel du matériau........................ 98
    IV.2.1   Hypothèse.. 98
    IV.2.2   Expérimentation.. 99
    IV.2.3   Signal reçu en présence du matériau......................... 101
IV.3 Conception d'un code spécifique... 102
    IV.3.1   Simulation des quanta d'espace................................. 103
    IV.3.2   Simulation des jeux de codes..................................... 104
    IV.3.3   Validation d'un jeu de 6 codes................................... 105
IV.4 Dimensionnement du marqueur... 106
    IV.4.1   Facteurs démagnétisants en fonction de la section du ruban (calcul)........ 107
    IV.4.2   Champ démagnétisant en fonction de la taille du ruban (mesure)........... 109
IV.5 Reproductibilité des mesures faites sur le matériau.................. 112
IV.6 Applications.. 113
    IV.6.1   Guidage du capteur.. 113
    IV.6.2   Etude des rubans endommagés................................... 113
    IV.6.3   Prototype du capteur.. 114
    IV.6.4   Prototype de code.. 115
    IV.6.5   Tests expérimentaux.. 116

86 Chapitre IV : Mesures expérimentales

Contexte

Ce chapitre regroupe les résultats des expériences menées dans le but d'appliquer le dispositif à la détection du code. Dans un premier temps, nous étudions le comportement physique du matériau afin de justifier le choix de la fréquence à coquelle le filtre analogique de réception doit être accordée. Ensuite, nous traçons expérimentalement le cycle d'Hystérésis. Puis, nous définissons un système de codage spécifique et présentons les mesures réalisées. Les dimensions du matériau ainsi que l'étude de la reproductibilité liée au matériau sont étudiés. Enfin, nous présentons le prototype et quelques mesures réalisées en situation.

IV.1 Comportement du matériau

IV.1.1 Non linéarité du matériau

Le matériau nanocristallin {Fe - Si - Cu - Nb - B} est très sensible à la présence d'un champ d'excitation magnétique. L'induction émise par ce matériau augmente proportionnellement avec le champ d'excitation jusqu'à la saturation du matériau.

Lorsque le matériau est dans la zone non linéaire, sa réponse comprend plusieurs fréquences harmoniques. Le signal de réception est alors filtré de manière à ne conserver que les deuxième et troisième harmoniques[16]. La figure 4.1 montre le signal filtré ainsi que son spectre fréquentiel.

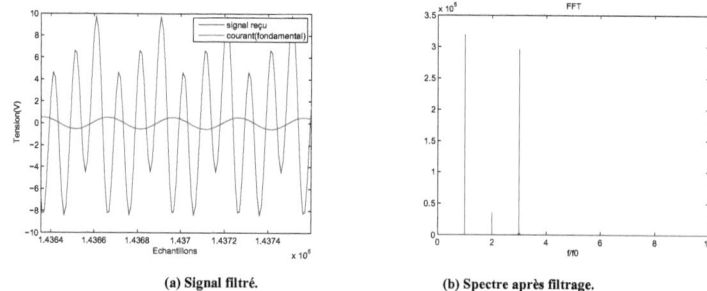

(a) Signal filtré.   (b) Spectre après filtrage.

Figure 4.1 Réponse du capteur après utilisation d'un filtre analogique accordé sur $2f_0$ et $3f_0$.

Etude du contenu harmonique du signal de réponse des différents rubans

Les codes magnétiques ou rubans qui sont des matériaux nanocristallins, présentent des dispersions dans leurs caractéristiques qui dépendent du lot de fabrication. Ces

---

[16] Plus le rang de l'harmonique augmente plus son amplitude est diminuée, c'est pour cela qu'on reste sur les deuxième et troisième harmoniques.

dispersions modifient suffisamment leur perméabilité magnétique pour influer sur la réponse du matériau. La figure 4.2 illustre la réponse de quelques échantillons testés[17].

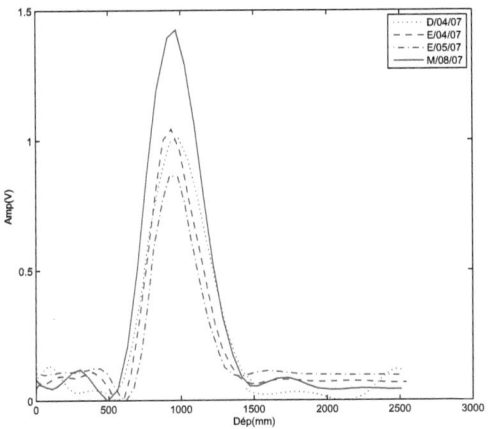

Fig. 4.2 Réponses de quatre rubans nanocristallins de lots différents.

Etude de la réponse harmonique en l'absence du filtrage

Nous avons étudié le comportement des harmoniques du signal pour savoir si certaines d'entre elles sont plus sensibles que d'autres. Pour cela, nous avons placé, à une profondeur de 400 mm, trois rubans : C-04-07, D-04-07 et E-04-07, ayant la même taille fixe de 25 x 300 mm, et recueilli leur réponse respective dans un premier temps. Par la suite, nous avons répété le même processus d'enregistrement de la réponse des signaux lorsque les codes magnétiques sont placés à une profondeur de 600 mm. Les figures 4.3 et 4.4 montrent les réponses temporelles et fréquentielles obtenues pour chaque ruban aux profondeurs respectives de 400 et 600 mm (sens Est-ouest).

---

[17] *voir chapitre I – recristallisation de l'alliage*

88   Chapitre IV : Mesures expérimentales

A la profondeur de 400 mm :

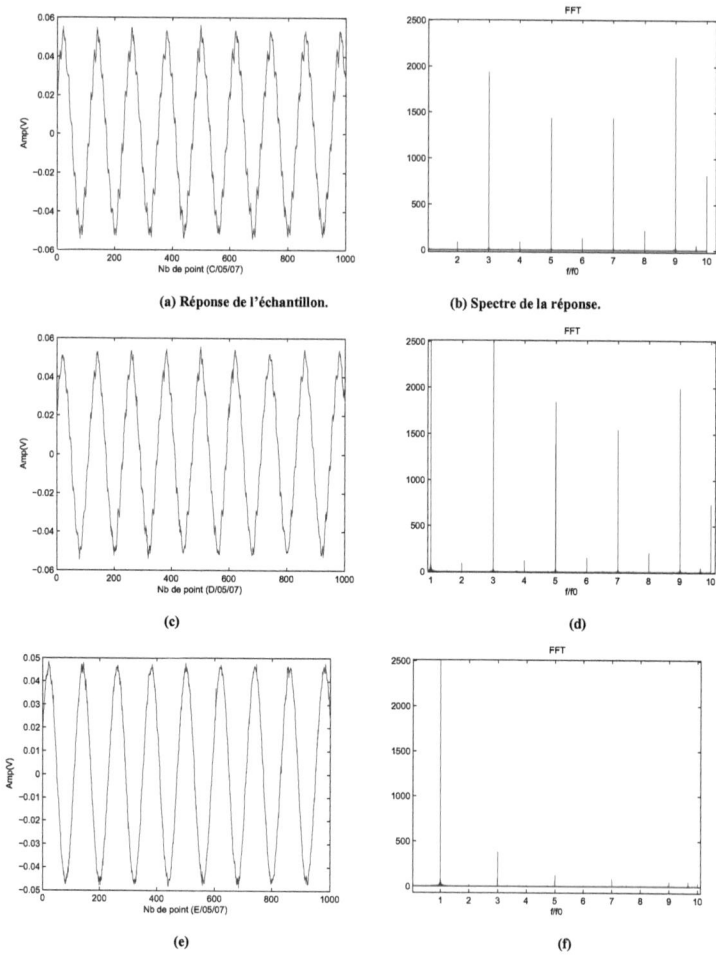

Figure 4.3 Signaux détectés à la profondeur de 400 mm.

Chapitre IV : Mesures expérimentales

A la profondeur de 600 mm :

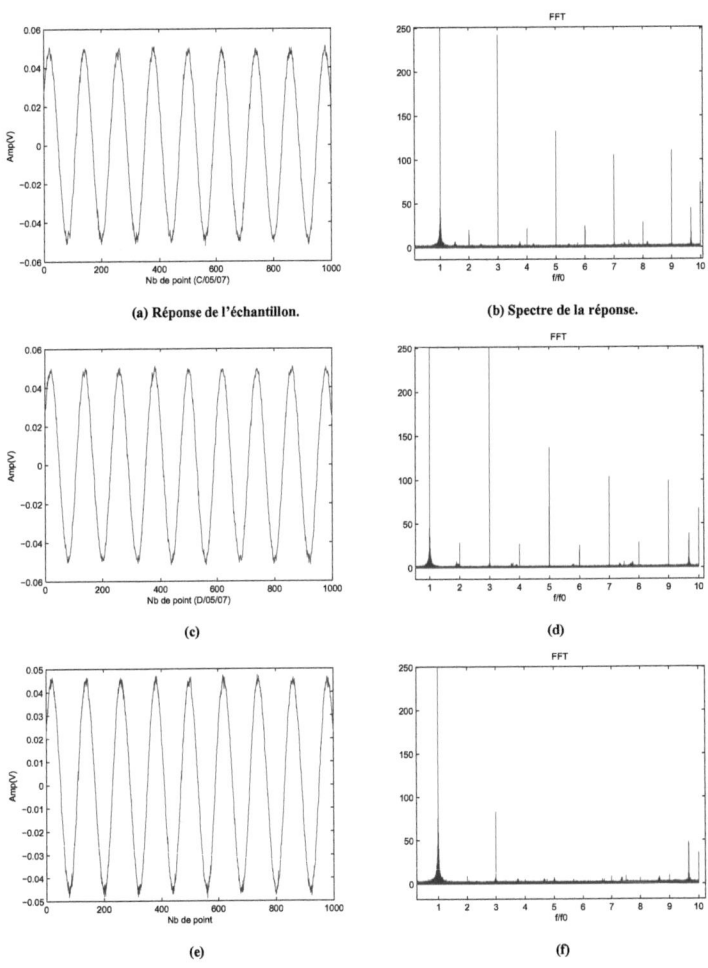

Figure 4.4 Signaux reçus à la profondeur 600 mm.

Remarques :

- Les réponses temporelles et fréquentielles montrent que, quel que soit l'échantillon et la profondeur, l'amplitude du troisième harmonique est plus importante que celle du deuxième harmonique,
- La réponse du ruban C-04-07 (figure 4.3.a) présente plus d'harmoniques à la profondeur de 400 mm. Nous en déduisons qu'à cette profondeur l'induction émise par ce matériau est saturée par le champ d'excitation.

IV.1.2 Influence de l'orientation de matériau

Cette étude est réalisée en utilisant un filtre de bande passante [$2f_0$, $3f_0$] (annexe III). Nous avons choisi arbitrairement le sens d'orientation du code magnétique (figure 4.5).

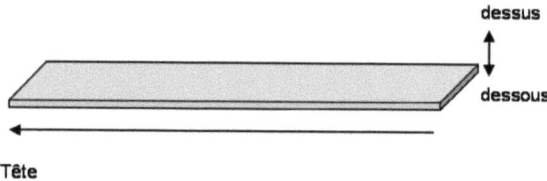

Figure 4.5 Image représentative du code magnétique.

La réponse temporelle de plusieurs échantillons du code magnétique a été enregistrée pour choisir le ruban qui fournit la réponse la plus exploitable. Lors de ces phases de tests, nous avons effectué un enregistrement de la réponse temporelle pour chaque position préchoisie du code magnétique. En effet, le ruban a été horizontalement positionné successivement sur un côté puis sur l'autre puis nous avons inversé la position de la tête.

La figure 4.6 présente les réponses temporelles obtenues lors des tests en fonction de l'orientation du ruban. Les mesures montrent que l'amplitude du signal est différente pour chaque orientation. Afin d'expliquer ce phénomène, nous avons par la suite étudié l'influence du champ magnétique terrestre sur le matériau.

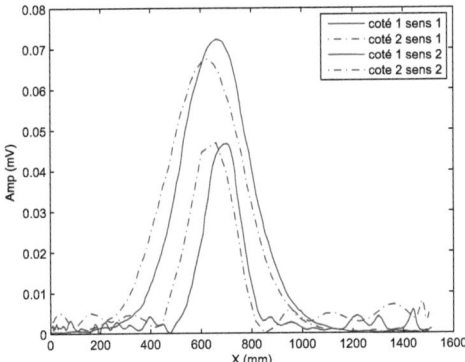

Figure 4.6 Matériau placé sur un côté puis sur l 'autre et en modifiant la position de la tête.

Influence du champ magnétique terrestre

Dans cette partie du travail, nous avons étudié l'influence du champ magnétique terrestre sur la réponse du code magnétique. Pour cela, nous avons mesuré les réponses en effectuant des rotations du code magnétique par rapport au centre de sa initiale comme le montre la figure 4.7. Le capteur conserve un déplacement longitudinal correspondant au sens Est - Ouest.

Remarques :
- Les sens d'orientation notés correspondent cette fois-ci au système de référence terrestre.
- Le code magnétique a toujours été placé dans le sens Est - Ouest dans le système de référence terrestre.

Les réponses correspondant au maximum de signal détecté sont obtenues lorsque l'angle d'orientation se situe à ± 15° et à ± 35° comme le montre la figure 4.7.b.

92 Chapitre IV : Mesures expérimentales

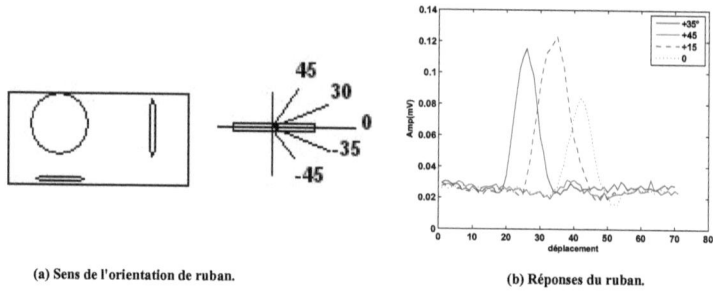

(a) Sens de l'orientation de ruban.   (b) Réponses du ruban.

Figure 4.7 Influence de l'orientation du ruban.

Sens Est - Ouest et sens Nord - Sud

La réponse du matériau (figure 4.8) a été étudiée par rapport à son orientation Est-ouest et Nord-sud (orientation géographique). Les figures 4.8.a et 4.8.b présentent respectivement les courbes enregistrées lors de ces expériences. Elles représentent les réponses obtenues de la deuxième et de la troisième harmonique pour l'orientation Est-ouest. Les mêmes réponses pour l'orientation Nord-sud sont respectivement visibles sur le graphe de la figure 4.8.c et 4.8.d. Ainsi, si le matériau est perpendiculaire au champ terrestre (Est-ouest), les réponses des deux harmoniques sont renforcées. Dans le sens Nord-sud, la réponse du matériau sur la troisième harmonique n'est pas détectable.

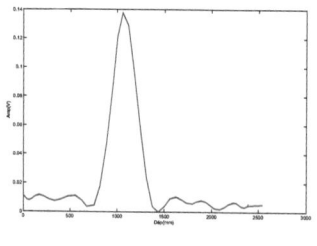 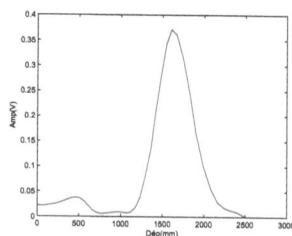

(a) Réponse du matériau (2f0, Est –Ouest)   (b) Réponse du matériau (3f0, Est -Ouest)

93   Chapitre IV : Mesures expérimentales

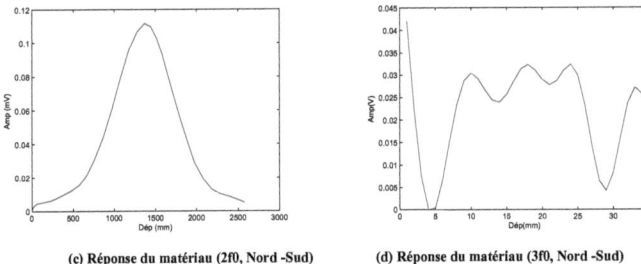

(c) Réponse du matériau (2f0, Nord -Sud)   (d) Réponse du matériau (3f0, Nord -Sud)

Figure 4.8 Réponses du ruban quand le signal est filtré sur les deuxième et troisième harmoniques.

Influence du champ magnétique terrestre (sans filtrage)

L'influence du champ magnétique terrestre sur la réponse du capteur est étudiée en l'absence de tout filtrage (figure 4.9). Pour cela, nous avons mis un échantillon du matériau dans le même sens que le capteur. Ensuite, nous avons placé l'ensemble (matériau + capteur), tenu immobile, dans le sens d'orientation Est – Ouest. "Par la suite, nous avons augmenté progressivement le courant dans la bobine d'émission et enregistré la réponse du capteur. La figure 4.9.a présente la réponse obtenue lors de cette expérience. La figure 4.9.b montre la réponse recueillie dans les mêmes conditions hormis le fait que l'ensemble a été placé dans le sens d'orientation Nord – Sud.

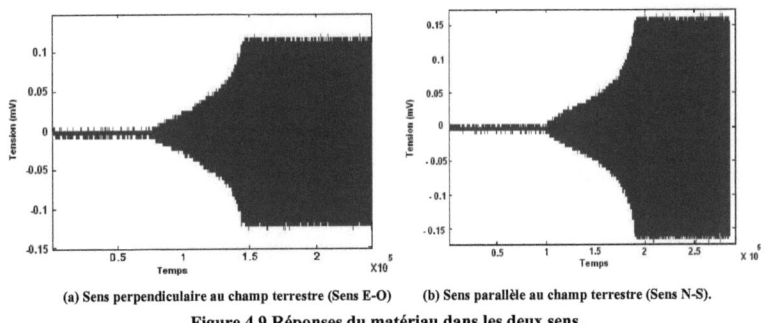

(a) Sens perpendiculaire au champ terrestre (Sens E-O)   (b) Sens parallèle au champ terrestre (Sens N-S).
Figure 4.9 Réponses du matériau dans les deux sens.

Nous remarquons que l'amplitude maximale est plus élevée pour une orientation Nord – Sud que pour l'orientation Est – Ouest. Cette élévation est attribuée au fait que le champ terrestre se superpose au champ induit pour exciter l'échantillon du matériau.

Influence du champ magnétique terrestre : ensemble (matériau + capteur) mobile autour d'un axe

94   Chapitre IV : Mesures expérimentales

L'influence du champ terrestre sur le matériau nanocristallin est étudiée par des simulations numériques et des mesures pratiques lorsque l'ensemble (matériau + capteur) est mobile autour d'un axe. En effet, nous avons fait tourner l'ensemble autour de lui-même et par rapport à son axe de symétrie tout en enregistrant la réponse du matériau.

Etudes par simulation numérique

Pour simuler l'influence du champ terrestre, la courbe du cycle d'Hystérésis est modélisée par une fonction sigmoïde dont les paramètres sont : H_C = 0,5 A/m, B_r = 0,1 T, B_S = 1,2 T, μ_r = 140 000. Le champ terrestre est d'environ 37,4 A/m. Le champ appliqué est sinusoïdal d'amplitude 7,2 A/m, ce qui correspond à la valeur proche de notre application, à 1 m de profondeur.

Cette simulation numérique consiste à déplacer le point de fonctionnement sur la courbe d'Hystérésis ; ce qui correspond à des orientations différentes de l'ensemble (matériau + capteur) par rapport au champ magnétique terrestre. Les graphes de la figure 4.10 montrent le déplacement du point de fonctionnement par rapport au champ magnétique terrestre.

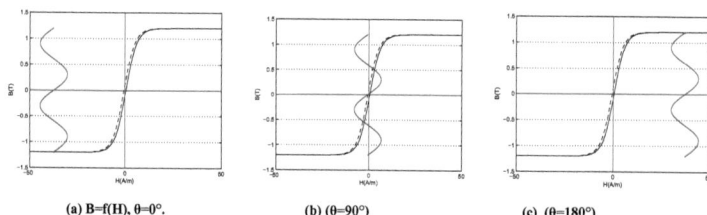

(a) B=f(H), θ=0°.   (b) (θ=90°)   (c) (θ=180°)

Figure 4.10 Déplacement du point de fonctionnement par rapport au champ magnétique terrestre.

Ainsi, l'ensemble est dans le sens du champ magnétique terrestre lorsque le point de fonctionnement se trouve à ± 37A/m c'est-à-dire là où le matériau est saturé (figures 4.10.a et 4.10.c). θ, l'angle de rotation effectué par l'ensemble est alors soit nul ou soit égal à 180°. Le point (0,0) correspond à une orientation perpendiculaire de l'ensemble par rapport au champ magnétique terrestre, c'est-à-dire que θ=90° (figure 4.10.b). Les graphes de la figure 4.11 illustrent le signal de réception lors du déplacement du point de fonctionnement sur ces différentes positions. Nous remarquons que la forme de ce signal de réception change en fonction de la position du point de fonctionnement sur le cycle d'Hystérésis du matériau.

Chapitre IV : Mesures expérimentales

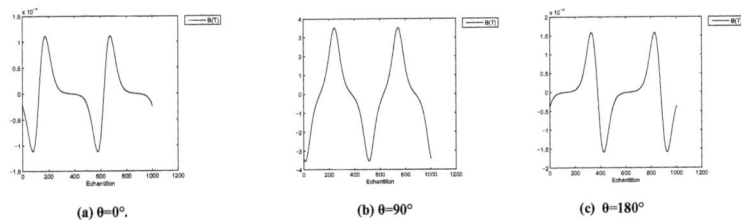

(a) θ=0°. (b) θ=90° (c) θ=180°

Figure 4.11 Influence du déplacement du point de fonctionnement sur la réponse de l'échantillon.

Les graphes de la figure 4.12 montrent le spectre du signal reçu en fonction de l'angle θ. La réponse fréquentielle illustrée par l'harmonique 2 est plus importante si l'ensemble est dans le sens de champ magnétique terrestre. Dans le cas où θ = 90°, la réponse fréquentielle illustrée par l'harmonique 3 devient plus importante.

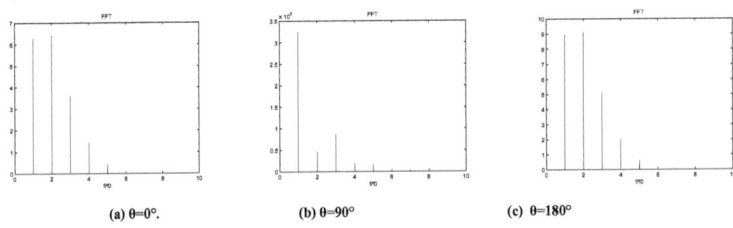

(a) θ=0°. (b) θ=90° (c) θ=180°

Figure 4.12 Spectre du signal reçu pour différentes valeurs de l'angle θ.

La figure 4.13 présente la réponse fréquentielle en fonction de la rotation du système. Elle montre l'évolution de l'amplitude des composantes (fondamentale, deuxième et troisième harmoniques) en fonction de l'orientation du couple capteur/matériau par rapport au champ magnétique terrestre. Nous remarquons que l'amplitude de la deuxième harmonique est toujours plus importante que l'amplitude de la troisième sauf dans les cas où l'ensemble est perpendiculaire (ou quasiment à 90°) par rapport au champ magnétique terrestre (figures 4.13.a et 4.13.b).

96   Chapitre IV : Mesures expérimentales

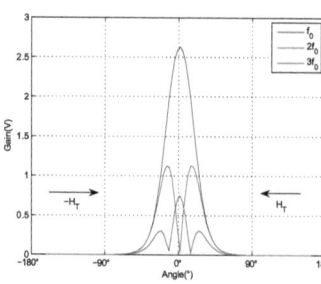 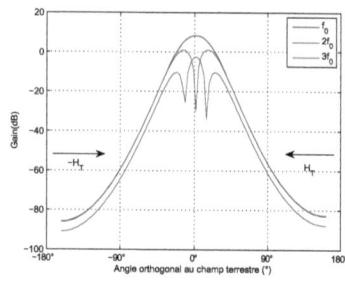

(a) Amplitudes en V   (b) Amplitudes en (dB)

Figure 4.13 L'amplitude en f_0, $2f_0$ et $3f_0$ en fonction de l'angle de rotation du système

Par la normalisation des courbes de gain, nous pouvons constater que l'amplitude de la deuxième harmonique est dans 97% des cas supérieure à l'amplitude de la troisième harmonique (figure 4.14).

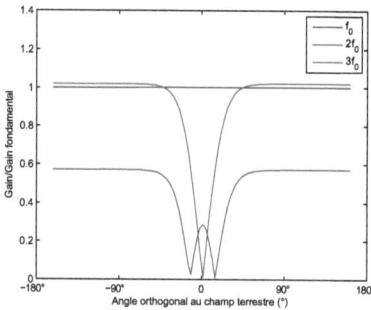

Figure 4.14 Gains normalisés en fonction de la rotation du système.

Mesure expérimentale

Durant la phase expérimentale, le matériau est placé à 35 cm du capteur comme le montre la figure 4.15.

Chapitre IV : Mesures expérimentales

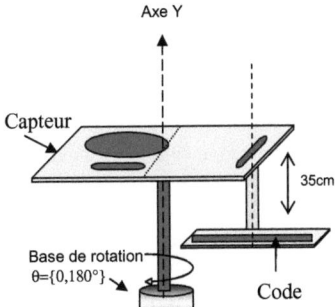

Figure 4.15 Montage expérimental : ensemble mobile autour d'un axe (y)

L'ensemble (matériau + capteur) est mobile autour d'un axe fixe. Le signal reçu est enregistré en l'absence de filtre pour récupérer tous les harmoniques (Fig. 4.16). Les figures 4.16.a et 4.16.b présentent respectivement l'évolution de l'amplitude des trois composantes harmoniques et le spectre fréquentiel du signal reçu.

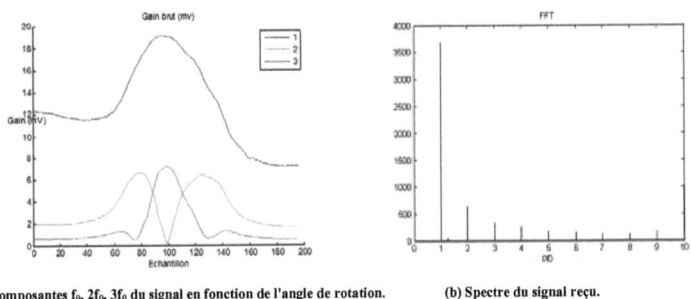

(a) Composantes f_0, $2f_0$, $3f_0$ du signal en fonction de l'angle de rotation. (b) Spectre du signal reçu.

Figure 4.16 Réponse en cas de rotation de l'ensemble du capteur et du matériau.

Remarques :
- En comparant les figures 4.13.a et 4.16.a, nous pouvons observer très clairement la similitude entre la simulation et l'expérimentation,
- Nous observons également que l'harmonique 2 est plus important que l'harmonique 3 : ce qui fait que le choix de l'harmonique 2 est donc bien justifié.

IV.2 Mesure du cycle d'Hystérésis réel du matériau

Nous avons effectué des mesures pour obtenir la courbe expérimentale du cycle d'Hystérésis $\vec{B} = f(\vec{H})$ du matériau. Pour cela, nous avons utilisé le dispositif suivant :

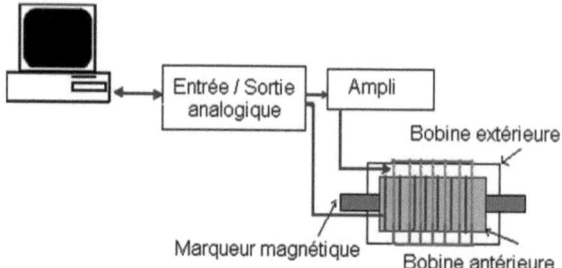

Figure 4.17 Dispositif expérimental de mesure d'un cycle d'Hystérésis.

Ce dispositif comporte deux bobines : une bobine d'excitation de diamètre 85 mm et une bobine de réception de diamètre 38 mm. Le matériau nanocristallin est placé à l'intérieur de la bobine de réception qui elle-même est placée à l'intérieur de la bobine d'excitation comme indiqué sur la figure 4.17. Le matériau nanocristallin, excité par un champ $\vec{H}$, génère en conséquence une induction magnétique $\vec{B}$ perçue par la bobine de réception.

IV.2.1 Hypothèse

Nous avons mesuré l'intensité du champ $\vec{H}$ qui est proportionnel à l'intensité du courant électrique I_1 :

$$\int H.dl = N_1.I_1 \qquad (4.1)$$

où N_1 est le nombre de spires de la bobine d'émission.

Le champ $\vec{B}$ est mesuré aux bornes de la bobine de réception. Il s'exprime par l'équation :

$$e(t) = -\frac{d\Phi}{dt} = -N_2.S.\frac{dB}{dt} \quad \text{(loi de Faraday)} \qquad (4.2)$$

où Φ est le flux du champ $\vec{B}$.

Chapitre IV : Mesures expérimentales

IV.2.2 Expérimentation

Afin de tracer expérimentalement le cycle d'Hystérésis, nous avons relevé les signaux aux bornes des deux bobines du dispositif (émission et réception) en présence et en l'absence du matériau magnétique comme le montre la figure 4.18. (Le matériau a été enlevé pendant l'enregistrement). Cette manipulation a permis d'enregistrer le champ $\vec{B}$ en présence du code et le champ $\vec{H}$ sans être perturbé par la réponse du code (en l'absence du code). Le champ $\vec{B}$ est mesuré aux bornes de la bobine de réception alors que $\vec{H}$ est enregistré aux bornes de la bobine d'émission. Sur la figure 4.18.a, le signal d'excitation présente deux amplitudes différentes. La première est due à la présence du code alors que la deuxième, plus importante, est due à l'absence du code. Sur la bobine de réception, l'amplitude du signal est très renforcée en présence du code, comme le montre la première partie de la figure 4.17.b. Son amplitude est plus faible sur la deuxième partie, lorsque le code est absent.

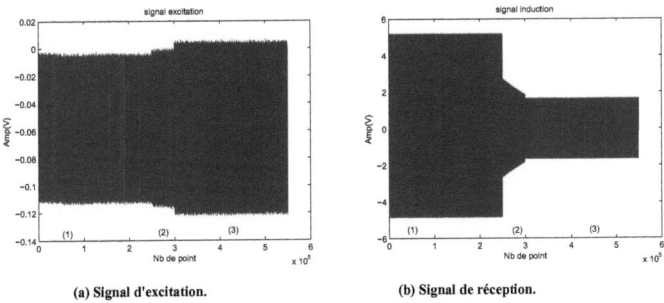

(a) Signal d'excitation.   (b) Signal de réception.

Figure 4.18 Enveloppe des signaux enregistrés aux bornes des deux bobines :
(1) présence du ruban, (2) le ruban est enlevé, (3) absence du ruban.

La figure 4.19 montre l'évolution de l'amplitude des signaux d'émission et de réception en présence ou non du code. Nous constatons que la proximité du matériau déforme le signal de la bobine d'émission (Fig. 4.18.a). Ce phénomène est dû à la saturation du code. En absence de code, la bobine de réception reçoit directement le signal d'émission. En présence du code, le signal de réception présente l'aspect montré sur la figure 4.19.b.

Chapitre IV : Mesures expérimentales

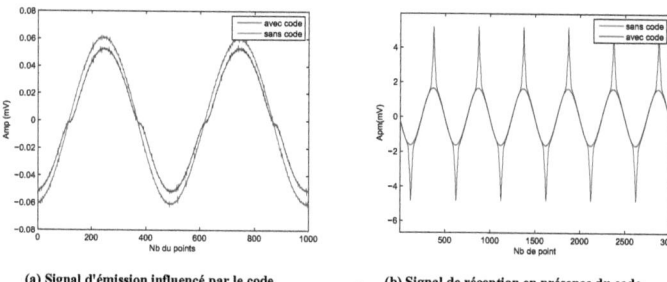

(a) Signal d'émission influencé par le code. (b) Signal de réception en présence du code.

Figure 4.19 Influence du matériau sur les deux bobines.

La figure 4.20.a présente la signature de notre matériau obtenue en effectuant la différence entre le signal de réception en présence du code et le signal de réception en l'absence du code, comme illustrée sur la figure 4.19.b. Le signal carré modifié est obtenu par l'intégration de la réponse propre du matériau (figure 4.20.b).

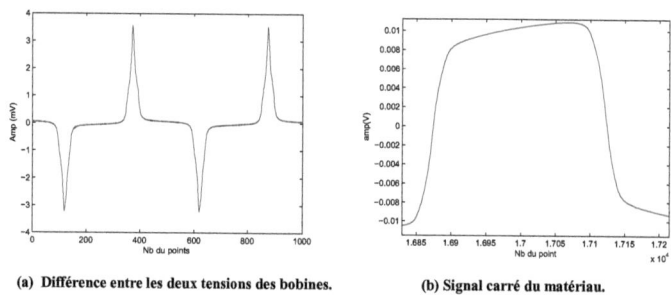

(a) Différence entre les deux tensions des bobines. (b) Signal carré du matériau.

Figure 4.20 Réponse propre du matériau nanocristallin

Afin de tracer le cycle d'Hystérésis ($\vec{B}$, $\vec{H}$), nous avons effectué l'intégration de la tension (signal) de la bobine de réception. Ainsi, nous avons pu calculer les valeurs évolutives du champ $\vec{B}$ en fonction du champ $\vec{H}$ et tracer le cycle d'Hystérésis (figure 4.21).

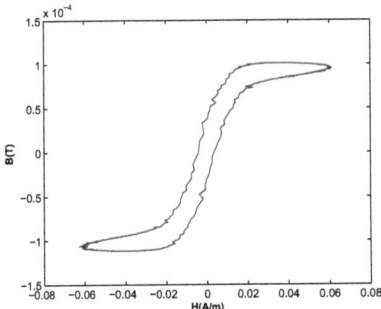

Figure 4.21 Cycle d'Hystérésis.

Ce cycle d'Hystérésis nous a permis d'extraire les paramètres magnétiques suivants :
- Le champ coercitif $H_C \approx 0,005$ (A/m),
- L'induction de saturation $B_s = 1.1$ T et l'induction rémanente $B_r = 0,6$ T,
- Le rapport $B_r / B_s = 0,54$ indiquant que la structure nanocristalline est isotrope[18].

Les valeurs obtenues ici sont du même ordre de grandeur mais néanmoins différentes que celles fournies par le fabricant du matériau.

Les caractéristiques du matériau dépendent du mode opératoire lors de sa fabrication. Elles sont assez dispersées. Ceci explique la dispersion de la mesure de l'hystérésis. Cette mesure permet simplement de vérifier le comportement du matériau qui reste acceptable pour l'application développée.

IV.2.3 Signal reçu en présence du matériau

Lorsque le matériau est saturé, le signal reçu doit être carré et modélisé par l'équation provenant d'un développement en série de Fourrier :

$$Y_{carr} = y_0 \frac{4}{\pi}\left(\sin(x) + \frac{1}{3}\sin(3x) + \frac{1}{5}\sin(5x) + \cdots\right) \quad (4.3)$$

Cependant en phase expérimentale, le signal perçu n'avait pas la forme carrée. Son spectre contient bien les harmoniques impairs mais sa modélisation temporelle est de la forme suivante :

---

[18] Le coefficient d'orientation pour un matériau isotrope $B_r / B_s \approx 50\%$

$$Y_{carr} = y_0 \frac{4}{\pi}\left(\sin(x) + \frac{1}{2}\sin(2x) - \frac{1}{3}\sin(3x) - \frac{1}{4}\sin(4x) + \frac{1}{5}\sin(5x) + \frac{1}{6}\sin(6x)\cdots\right) \quad (4.4)$$

On remarque que les harmoniques pairs et impairs sont déphasés une sur deux par rapport à l'équation

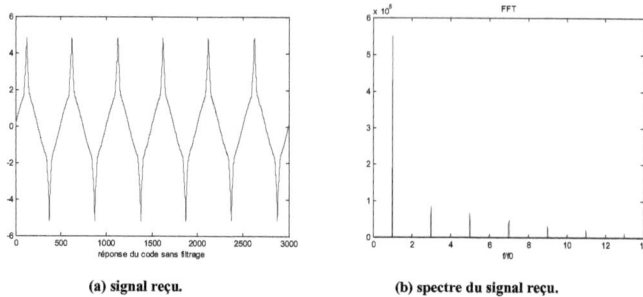

(a) signal reçu. (b) spectre du signal reçu.
Figure 4.22 Signal expérimental de réception.

Remarques :
- Le spectre du signal carré déformé montre qu'il existe des harmoniques pairs très faibles.

IV.3 Conception d'un code spécifique

Le système de détection utilise deux structures de code. La première structure est un code générique (première et deuxième version). Ce code est de longueur variable. La seconde structure est un code spécifique constituée de marqueurs standard sur une plaque en plastique de taille définie (Fig. 4.23). La figure (4.24) représente la réponse d'un ou deux marqueurs séparés.

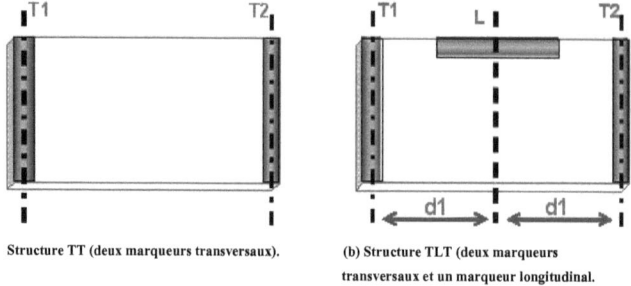

(a) Structure TT (deux marqueurs transversaux). (b) Structure TLT (deux marqueurs transversaux et un marqueur longitudinal.
Figure 4.23 Code spécifique.

103 _____ Chapitre IV : Mesures expérimentales _____

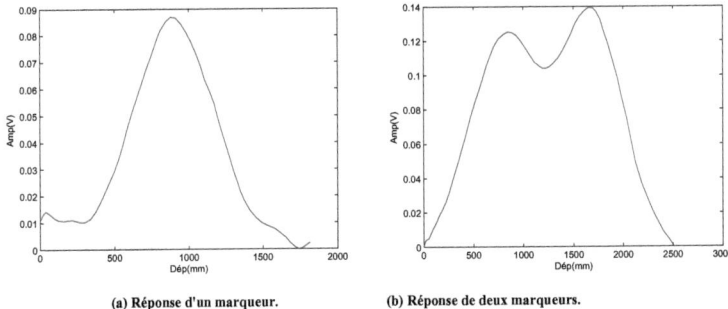

(a) Réponse d'un marqueur.   (b) Réponse de deux marqueurs.

Figure 4.24 Représentation de la réponse du matériau.

IV.3.1 Simulation des quanta d'espace

Nous cherchons à développer une famille de code, la plus nombreuse possible tout en minimisant l'encombrement. Nous disposons pour cela de trois marqueurs de dimension standard 300 x 50 mm chacun. Deux d'entre eux sont orientés transversalement (T1, T2) tandis que le troisième est orienté longitudinalement par rapport au sens de déplacement du capteur.

L'influence de la distance entre les deux marqueurs transversaux a été étudiée. Si deux marqueurs sont très proches, leur réponse perçue par le capteur présente un seul maximum mais celui-ci est plus important que la réponse d'un seul marqueur. A partir d'une distance de 400 mm la réponse globale de deux marqueurs présente deux maxima (Fig.4.25). [Sur le Schéma, 1 rectangle = 1 maximum, 2 rectangles = 2 maxima.]

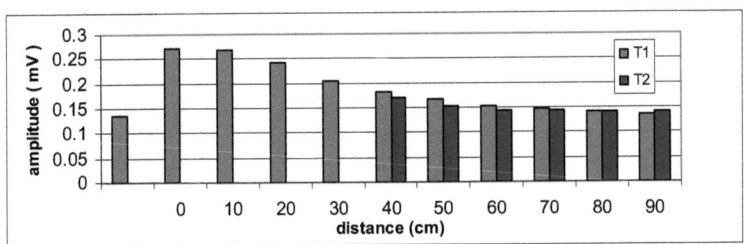

Figure 4.25 Structure TT, amplitudes maximales de la réponse d'un code en fonction de la distance entre deux marqueurs transversaux (TT) [2 marqueurs, 1 ou 2 maxima].

Par la suite, les trois marqueurs ont été utilisés : le premier est fixé et les deux autres sont mobiles. T1L et LT2 qui sont respectivement la distance entre le premier marqueur transversal et le marqueur longitudinal, et la distance entre le marqueur longitudinal et le deuxième marqueur transversal, sont identiques.

Les amplitudes les plus importantes sont perçues quand cette distance entre marqueurs est de 300 mm comme le montre la figure 4.26.

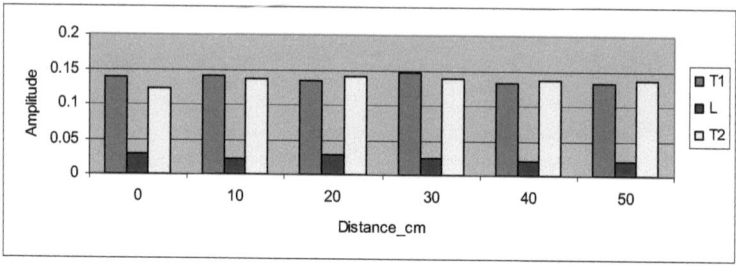

Figure 4.26 Structure TLT (3 marqueurs, 3 maxima), amplitudes maximales de la réponse d'un code en fonction de la distance d1 entre les trois marqueurs.

IV.3.2 Simulation des jeux de codes

La structure TLT est retenue avec deux dimensions différentes, la première comprend trois marqueurs fixés sur une plaque en plastique de dimension de 300 x 1000 mm et la deuxième comprend 3 ou 5 marqueurs fixés sur une plaque de dimension de 300 x 1500 mm.

L'objectif de cette simulation est de déterminer le nombre maximum des codes possible et d'afficher tous ces codes disponibles. Pour la première structure avec deux marqueurs transversaux et un marqueur longitudinal fixé, les distances mentionnées sont repérées par rapport au bord gauche de la plaque, le principe de la simulation est le suivant :

- **le marqueur transversal T1** est fixé au bord de la plaque (centre du marqueur à 25 mm) du bord gauche,
- **le marqueur longitudinal L** est mobile entre les 2 marqueurs transversaux de 200 mm à 950 mm,
- **le marqueur transversal T2** est mobile de 500 à 950 mm,
- **le pas de déplacement des marqueurs** est fixé à 150 mm.

La simulation nous donne 20 codes différents comme l'indique la figure 4.27.

Chapitre IV : Mesures expérimentales

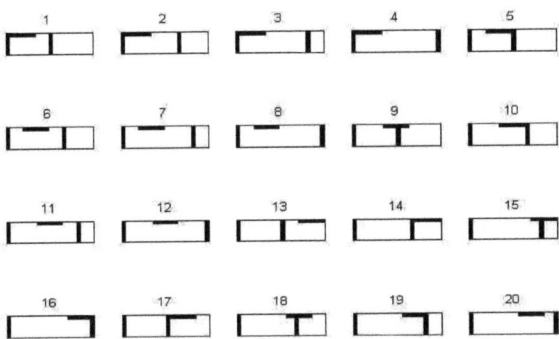

Figure 4.27 Codage 300 x 1 000 mm.

Contraintes : distance minimale entre T1 et T2 : 500 mm, pas de déplacement : 150 mm.

Si la plaque est de 1500 x 300 mm avec 1 ou 2 marqueurs longitudinaux et 2 ou 3 marqueurs transversaux, le nombre de codes disponibles est 196 codes.

IV.3.2 Validation d'un jeu de 6 codes

Pour valider nos travaux, nous avons testé 6 codes bien définis (Fig.4.28):

Pour 3 codes : L est centré et T2 à l'extrémité droite, L et T2 sont fixes et l'emplacement de T1 variable : d'abord à l'extrémité, puis à 150 mm, puis à 300 mm. Leur structure n'est plus symétrique.

Pour les trois autres codes : T2 et L sont juxtaposés à l'extrémité gauche et fixes et l'emplacement de T1 est variable : d'abord à l'extrémité, puis à 150 mm, puis à 300 mm.

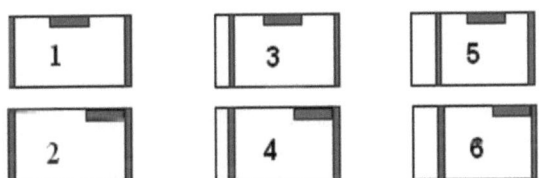

Figure 4.28 Exemple de disposition de six codes.

106 _____ Chapitre IV : Mesures expérimentales _____

Les signaux détectés sont affichés sur les figures (4.29.a) et (4.29.b).

- Le signal reçu sur la bobine de réception transversale T présente deux maxima comme illustré sur la figure 4.31.a. L'amplitude du maximum due à T1 dans le cas (p) est plus importante que dans le cas (q) parce que le champ magnétique généré par L contribue à la renforcer.
- Le signal, reçu sur la bobine longitudinale L, présente deux maxima comme le montre la figure 4.31.b. Dans le cas (p) les contributions de L et T1 s'ajoutent parce que les deux marqueurs sont juxtaposés.

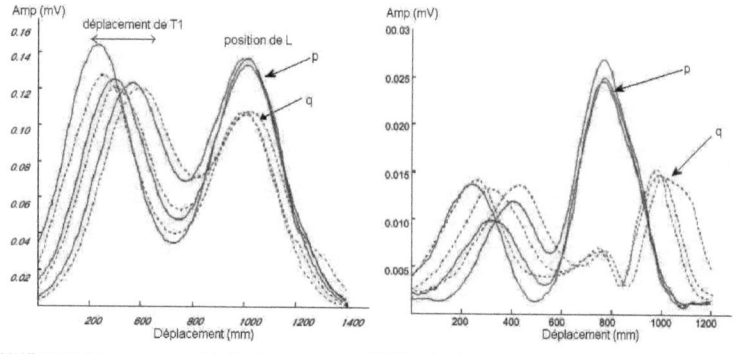

(a) Allure des signaux perçus par la bobine transversale   (b) Allure des signaux perçus par la bobine longitudinale

Figure 4.29 Réponses des codes validés. Dans la courbe p le marqueur L est centré entre les deux marqueurs transversaux (codes 1-3-5). Dans la courbe q le marqueur L est situé à l'extrémité du code (codes 2-4-6).

IV.4   Dimensionnement du marqueur

Lorsqu'on excite un matériau ferromagnétique nanocristallin par un champ extérieur, il s'aimante en raison de ses propriétés. L'intensité de cette aimantation dépend de la perméabilité relative du matériau magnétique et de sa forme. Or la forme du matériau joue sur la valeur de son champ démagnétisant.

Afin de trouver la dimension optimale du marqueur, nous avons étudié l'influence du champ magnétique démagnétisant en variant la taille du matériau.

IV.4.1 Facteurs démagnétisants en fonction de la section du ruban (calcul)

Le facteur démagnétisant N est obtenu à partir du tableau[19] (figure 4.30.a).

Dimension ratio (longueur/section)	N allongé
0	1,0
1	0,27
2	0,14
5	0,040
10	0,0172
20	0,00617
50	0,00129
100	0,00036
200	0,00090
500	0,000014
1000	0,0000036
2000	0,0000009

(a) Facteurs démagnétisants en fonction de la dimension du ruban.

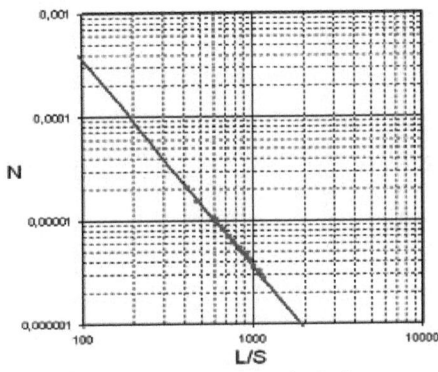

(b) Coefficient de champ démagnétisant en fonction du coefficient d'allongement l/d.

Figure 4.30 Facteurs démagnétisants.

Un calcul de $\vec{H}_d$ en fonction de la largeur de bande (équation 4.5) est effectué pour le minimiser afin de trouver sa taille optimale.

$$\vec{H}_d = -N_{zz} \frac{\vec{J}_z}{\mu_0} \qquad (4.5)$$

(Rf : champ démagnétisant I.1.2)

Le tableau 4.1 présente les données obtenues par calcul du champ démagnétisant pour différentes dimensions de notre matériau.

---

[19] Source: Bozorth, IEEE Press, 1993, p. 849.

Tableau 4.1 : Calcul de Hd en fonction de la largeur de bande

Longueur (mm)	largeur (mm)	Section $S = larg.*0.018$ $(mm)^2$	$d = (S)^{1/2}$ (mm)	L/d = Long/d (mm)	N Tab. (2.2) (mm)	Hd (mOe)	Hc*1.5 (A/m)
400	15	0,270	0,52	769,8	6,138E-06	73	45
	17	0,306	0,55	723,1	6,934E-06	83	45
	20	0,360	0,60	666,7	8,110E-06	97	45
	24	0,432	0,66	608,6	1,000E-06	119	45
500	15	0,270	0,52	962,3	4,111E-06	49	45
	17	0,306	0,55	903,9	4,808E-06	57	45
	20	0,360	0,60	833,3	5,433E-06	65	45
	24	0,432	0,66	760,7	6,353E-06	76	45
600	15	0,270	0,52	1154,7	2,748E-06	33	45
	17	0,306	0,55	1084,7	3,221E-06	38	45
	20	0,360	0,60	1000,0	3,600E-06	43	45
	24	0,432	0,66	912,9	4,487E-06	54	45
250	5	0,090	0,30	833,3	5,248E-06	63	45
	10	0,180	0,42	589,3	1,054E-05	126	45
	15	0,270	0,52	481,1	1,521E-05	182	45
	20	0,360	0,60	416,7	2,080E-05	248	45

La figure 4.31 montre l'évolution du champ démagnétisant pour chaque longueur de matériau en fonction des différentes largeurs.

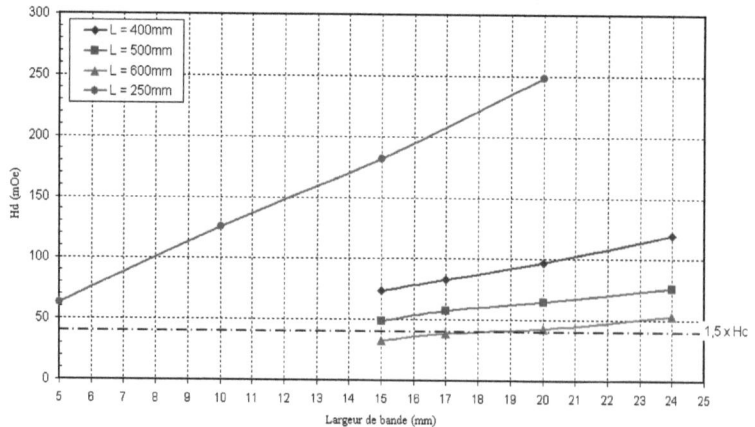

Figure 4.31 Evolution du champ démagnétisant avec la largeur du marqueur

En fait, nous cherchons une valeur non nulle de H_d la plus faible possible. Or H_d est nulle tant que l'induction magnétique $\vec{B}$ qui correspond également à la réponse du matériau est nulle. Donc, pour qu'il ait une réponse il faut nécessairement que la valeur de H_d soit toujours supérieure à H_C. En effet, c'est dans ce cas seulement que le matériau peut s'"auto-désaimanter ".

Pour être sûr que H_d soit supérieur à H_c, nous avons donc fixe la valeur de H_d telle que H_d >1,5 H_c. Ainsi, nous avons utilisé la courbe de la figure 4.33 pour déterminer la dimension optimale du matériau.

Si H_d >H_c, le matériau se désaimante en l'absence d'un champ externe $\vec{H}$, comme le montre la figure 4.32.

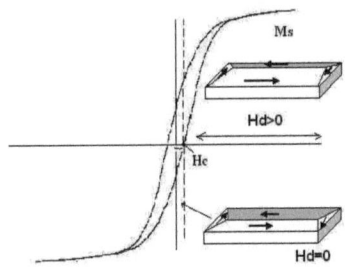

Figure 4.32 Evolution du champ démagnétisant sur le cycle d'Hystérésis.

Nous avons remarqué une baisse de la perméabilité quand la largeur du ruban de matériau augmente. Ce qui se traduit par une augmentation du champ démagnétisant H_d. L'effet inverse de ce phénomène est observé quand la longueur est accrue. Enfin, nous avons constaté que pour un matériau d'une épaisseur 20 µm les dimensions optimales sont de 600 x 24 mm (respectivement longueur et largeur).

IV.4.2 Champ démagnétisant en fonction de la taille du ruban (mesure)

Des bandes rectangulaires de différentes dimensions ont été réalisées (largeurs et longueurs variables, épaisseur fixe 20µm) et ensuite ont été soumises à un champ magnétique $\vec{H}$. Chacune des réponses perçues par la bobine de réception est enregistrée afin d'en déduire la taille optimale de notre matériau.

Influence de la longueur des bandes

Différents échantillons avec une largeur fixe 24 mm (limitée par le constructeur du matériau) et des longueurs variables ont été étudiées. Les réponses des matériaux en fonction de sa longueur sont présentées sur la figure 4.33.

110　　　　　Chapitre IV : Mesures expérimentales

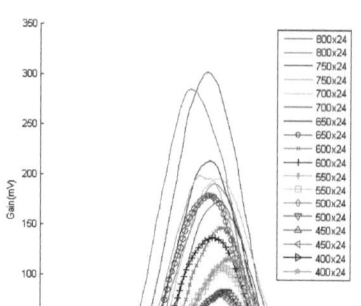

Figure 4.33 Gain filtré en fonction du déplacement des marqueurs, paramétré par les dimensions de l'échantillon rectangulaire.

La figure 4.34 montre que l'augmentation du gain correspond à l'augmentation de la longueur, ce qui se traduit par une diminution du champ $\vec{H}_d$.

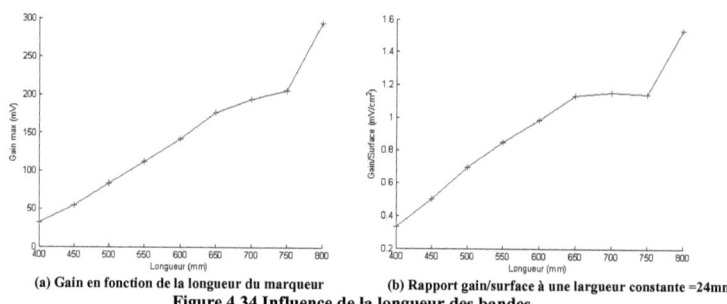

(a) Gain en fonction de la longueur du marqueur　　(b) Rapport gain/surface à une largueur constante =24mm

Figure 4.34 Influence de la longueur des bandes.

La courbe (Fig.4.34.a) représente la relation entre la réponse du matériau et sa longueur. La courbe (Fig.4.34.b) est le rapport gain/surface. L'analyse de ces figures peut se diviser en trois parties :

- de 400 à 650 mm: la réponse est croissante et linéaire,
- de 650 à 750 mm: la réponse est constante,
- pour une valeur > 750 mm: la réponse est beaucoup plus importante.

Nous avons fixé la limite de l'augmentation linéaire à 600 mm car 750 mm aurait été non envisageable pour le code (car spatialement trop grand).

Influence de la largeur des bandes

Les réponses en fonction de la longueur choisie (600 mm) sont mesurées pour des échantillons de largeurs différentes.

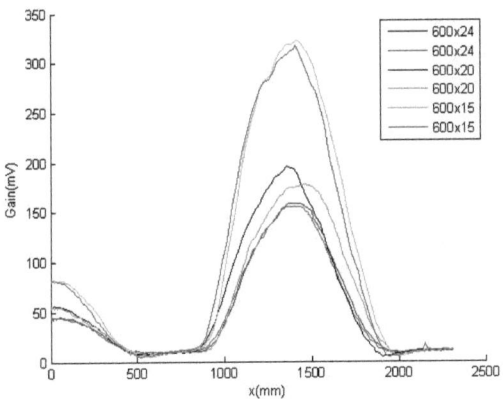

Figure 4.35 Gain brut en fonction de la largeur du matériau.

La figure 4.35 montre que la réponse augmente avec la diminution de la largeur du matériau.

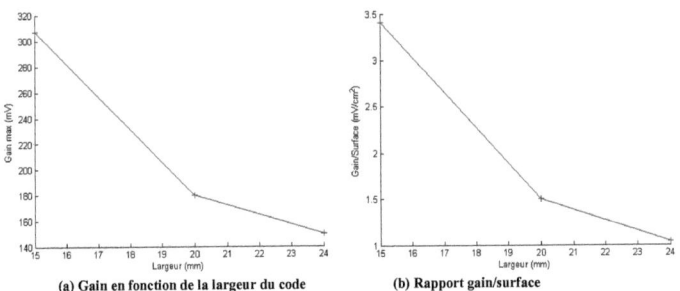

(a) Gain en fonction de la largeur du code (b) Rapport gain/surface

Fig. 4.36 Influence de la largeur des bandes.

Sur ces figures, on constate l'effet inverse : le gain diminue quand la largeur des bandes augmente.

D'après les calculs et les mesures, nous avons constaté que la taille optimale de la bande est obtenue pour des valeurs de 600 x 24 mm, respectivement longueur et largeur du matériau. Le résultat obtenu par le calcul a été ainsi validé. Cette taille optimale, obtenue pour une valeur de $H_d = 1,5\ H_c$, permet d'avoir une perméabilité très élevée (un champ démagnétisant très faible). En conséquence, la sensibilité du capteur augmente, entraînant une profondeur de détection plus élevée. Nous pouvons ainsi détecter le matériau lorsqu'il est placé à une profondeur pouvant aller jusqu'à 1.35 m (figure 4.37).

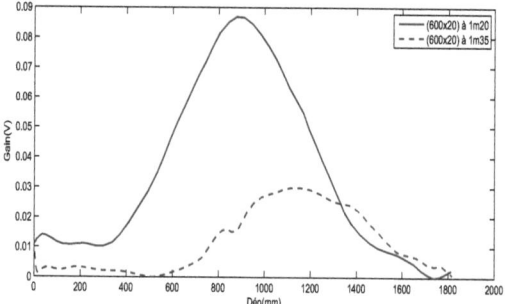

Figure 4.37 Gain d'un marqueur optimal en fonction du déplacement pour des profondeurs de 1 m 20 et 1 m 35.

IV.5 Reproductibilité des mesures faites sur le matériau

Afin de vérifier le comportement du code, sa reproductibilité et sa fiabilité lors de son utilisation, nous avons ramené le matériau à une aimantation nulle par application d'un champ alternatif. Ce champ alternatif a une amplitude initiale suffisante pour dépasser le champ de saturation. Son amplitude est progressivement ramenée à zéro avant l'excitation du matériau par un champ externe H.

La reproductibilité des mesures a été testée sur une vingtaine de rubans différents de dimension 600 x 24 mm et sur deux directions d'angle 20° et 45° par rapport à l'axe Est - Ouest. Les figures 4.38.a et 4.38.b illustrent le comportement d'un de ces rubans. Nous y remarquons que la dispersion des valeurs maximales des amplitudes, enregistrées pour chaque test, est très faible. Ce qui indique que les mesures obtenues sur le matériau sont reproductibles.

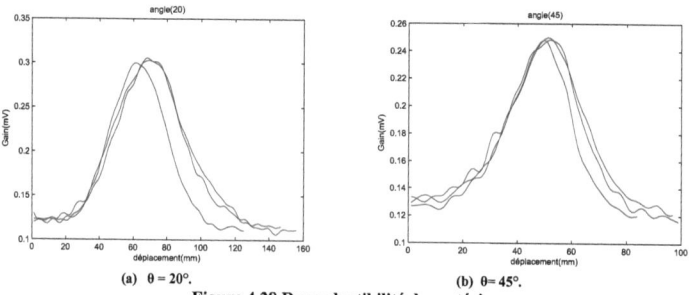

(a) θ = 20°.   (b) θ = 45°.
Figure 4.38 Reproductibilité du matériau.

113_____ Chapitre IV : Mesures expérimentales_____

IV.6 Applications

Cette partie de notre travail est consacrée à l'industrialisation de notre système de détection qui comprend le capteur et le code. Ces applications potentielles ont été réalisées par les chercheurs du laboratoire en partenariat avec une entreprise externe.

IV.6.1 Guidage du capteur

Trois bobines longitudinales ont été placées à l'avant du capteur comme l'illustre la figure 4.39. L'idée est toujours de guider le capteur pour détecter le mieux possible la réponse du code enterré.

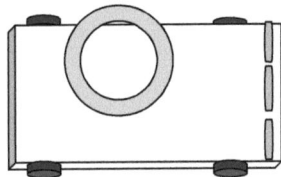

Figure 4.39 Capteur avec trois bobines à l'avant.

Les réponses du matériau sur les trois bobines sont rapportées sur la figure 4.40. Elles permettent de localiser l'emplacement de ce code par rapport au capteur.

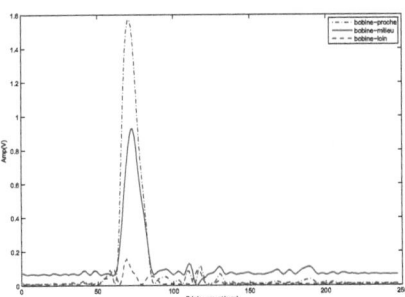

Figure 4.40 Réponse du capteur

IV.6.2 Etude des rubans endommagés

La figure 4.41 présente différentes formes de rubans (K, BA et H) qui sont endommagés ainsi que leur réponse. Malgré l'endommagement de ces rubans, la réponse est suffisante pour localiser le matériau (845 mm de profondeur).

114 _____ Chapitre IV : Mesures expérimentales _____

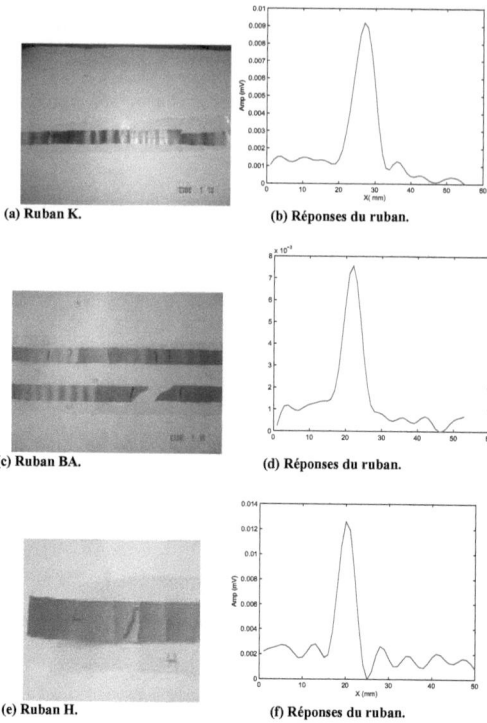

(a) Ruban K. (b) Réponses du ruban.

(c) Ruban BA. (d) Réponses du ruban.

(e) Ruban H. (f) Réponses du ruban.

Figure 4.41 Rubans endommagés et leurs réponses.

IV.6.3 Prototype du capteur

La photo ci-dessous (figure 4.42) présente le prototype industriel du capteur. Il a la forme d'un chariot mobile pouvant être guidé manuellement et fonctionnant selon le même principe qu'une tondeuse à gazon manuelle, sauf qu'il roule pour détecter le matériau. Cet appareil de détection est composé :

- de trois bobines longitudinales de réception placées à l'avant du chariot,
- d'une bobine transversale placée sur le coté gauche du chariot,
- et d'une bobine d'émission placée au milieu du chariot.

115_____ Chapitre IV : Mesures expérimentales_____

Figure 4.42 Prototype du capteur

IV.6.4 Prototype de code

Afin de détecter les canalisations, les grillages avertisseurs plastiques actuellement utilisés seront fabriqués comme actuellement avec l'ajout du code incorporé dans ses maillages (figure 4.43). Ce matériau sera un code générique, marqueur longitudinal.

Figure 4.43 Grillage avertisseur plastique actuel.

Remarque :
Pour certains points particuliers tels que les intersections de canalisations, nous allons placer des marqueurs transversaux fonctionnant sur le même principe que le codage spécifique (Figure 4.44).

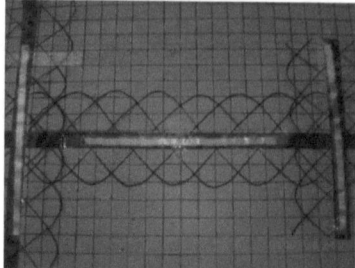

Figure 4.44 Grillage avertisseur plastique avec un point spécifique.

IV.6.5 Tests expérimentaux
Test sur une canalisation de Gaz

La figure 4.45 présente, en situation de terrain, des résultats de tests effectués pour la détection de canalisation de gaz. Ces résultats sont très prometteurs car ils indiquent un très bon fonctionnement de notre appareil sur des cas réels de détection.

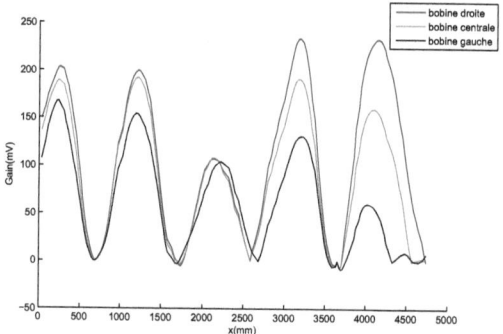

Figure 4.45 Signal reçu par le capteur avec trois bobines à l'avant.

Etude de l'influence d'une charge magnétique

L'influence d'une charge magnétique sur le matériau nanocristallin est testée en vue de l'amélioration de la forme de la réponse. La charge est d'une taille de 70 x 70 mm et son épaisseur est de 5 mm[20]. La figure 4.46.a montre les réponses du ruban avec et sans charge magnétique. Puisqu'une charge magnétique renforce le signal reçu, plusieurs marqueurs ont été superposés et leurs réponses sont tracées sur la figure 4.46.b. Chaque fois qu'un nouveau marqueur est superposé, la réponse globale diminue.

---

[20] Il s'agit d'une charge magnétique fournie par le partenaire industriel, aucune information quantifiable n'a été fournie.

Chapitre IV : Mesures expérimentales

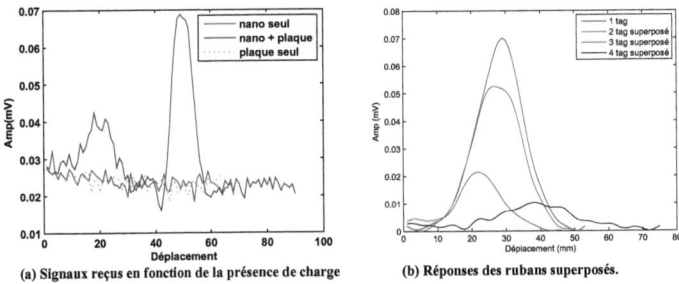

(a) Signaux reçus en fonction de la présence de charge   (b) Réponses des rubans superposés.

Figure 4.46 Réponse du matériau en présence d'une charge superposée.

A ce stade des essais, il n'existe pas encore de moyen pour renforcer la réponse.

Conclusion

Dans ce chapitre, nous avons présenté d'abord la spécificité du matériau nanocristallin utilisé. Nous avons étudié la réponse temporelle et fréquentielle de plusieurs échantillons à différentes profondeurs dans le sens Est-Ouest. Quelle que soient le matériau et la profondeur, l'amplitude de la troisième harmonique est toujours plus importante que celle de la deuxième harmonique.

Ensuite, nous avons étudié l'influence du champ magnétique terrestre par rapport à différentes orientations que nous avons imposées à notre système (chariot et code). Nous nous sommes mis dans le repère géographique terrestre et avons remarqué que lorsque notre système est placé dans le sens Est-ouest, les réponses correspondant au maximum de signal détecté sont situées à ±15° et à ±35°. Nous avons également effectué la même mesure en plaçant notre système dans le sens Nord-sud (sens du champ terrestre), en comparaison au sens Est-ouest, et nous avons remarqué que la troisième harmonique n'y est pas détectable.

Ensuite, nous avons étudié l'influence du champ terrestre sur notre système (chariot et code). Pour cela, nous avons calculé (simulation) puis mesuré (expérimentation) l'intensité des harmoniques en effectuant des rotations du système autour d'un axe. Nous avons ainsi remarqué que l'amplitude du deuxième harmonique est dans 97 % des cas plus importante que celle du troisième harmonique. Donc, le choix du deuxième harmonique est bien justifié.

Chapitre IV : Mesures expérimentales

Par la suite, nous avons conçu un montage permettant le traçage expérimental du cycle d'Hystérésis afin d'extraire les paramètres magnétiques du matériau. Ainsi, nous avons remarqué que le champ coercitif H_c vaut 0.005 A/m, que l'induction de saturation du matériau Bs est égale à 1.1 T et que l'induction rémanente B_r est égale à 0.6 T. De même, le rapport B_r/B_s qui est égal 0.5, nous a indiqué que la structure du matériau est isotrope.

Nous avons étudié par la suite le modèle mathématique du signal reçu en présence du code. Ainsi, nous avons établi un modèle de Fourrier qui nous donne un signal très proche de notre signal expérimental. Ce modèle ne traduit pas un signal carré. En effet, nous avons remarqué la présence des harmoniques paires et impaires dans la transformée fréquentielle de notre signal. Ce qui nous indique d'une part que le matériau n'est pas saturé et d'autre part que nous travaillons sur la partie non linéaire du cycle d'Hystérésis du matériau.

Par ailleurs, nous avons décrit le système de codage spécifique. Ce système comporte deux types de structure, TLT et TLTLT, de taille différente. La simulation nous a permis de déduire le nombre de codes disponibles sur chaque type de structure. La première structure nous donne un nombre de 20 codes tandis que la seconde nous donne un nombre de 196 codes. La validation du système de codage a été effectuée avec succès. En effet, chaque code a donné un signal qui lui est propre permettant ainsi son identification. Afin de minimiser l'encombrement du code, la distance entre deux marqueurs a été étudiée. Ainsi, les plus importantes amplitudes ont été perçues lorsque cette distance est de 300 mm.

Afin d'étudier le dimensionnement du marqueur, le champ démagnétisant a été étudié pour trouver la taille optimale du code. Pour cela, nous avons calculé le coefficient du champ démagnétisant en faisant varier la taille du code. Ceci nous a permis de calculer le champ H_d de notre code dont la valeur minimale correspond à la taille optimale du code. Ces résultats obtenus par le calcul ont été validés par des mesures expérimentales. Ainsi, une taille de 600 x 24 mm, correspondant respectivement à la longueur et la largeur, a été trouvée pour la dimension optimale du code.

Afin de vérifier le comportement du code, la reproductibilité de ses réponses a été étudiée sur une vingtaine de codes différents. Ces mesures faites une quinzaine de fois sur chaque code indiquent que le matériau est très reproductible compte tenu du fait qu'on obtient à chaque fois la même réponse (pour chaque code).

Enfin, nous avons proposé un prototype industrialisable de notre système. Nous avons décrit toutes les composantes du chariot (trois bobines longitudinales, une bobine transversale,...) ainsi que le code. De même, nous avons proposé un grillage avertisseur plastique dans lequel on incorpore le matériau nanocristallin. Dans ce grillage, nous utiliserons uniquement des codes génériques sauf pour certains points particuliers où nous ajouterons des marqueurs transversaux pour bien les identifier.

Un test sur des cas réels a été effectué. En effet, nous avons utilisé notre système pour détecter des canalisations de gaz. La détection de ces canalisations nous a prouvé que notre système fonctionne et qu'il est très prometteur comme système de détection.

Conclusion générale

Conclusion générale

Au cours de ce travail, nous avons élaboré et caractérisé un système fiable de détection permettant la localisation et l'identification des canalisations enterrées sans excavation. Ce système est une application du contrôle non destructif (CND) par l'effet magnéto-harmonique. La cible à détecter est un marqueur magnétique formant différents codes, intégrés dans le grillage avertisseur actuel, afin d'assurer la compatibilité avec les normes existantes.

Ce travail a porté sur plusieurs aspects. Tout d'abord le phénomène magnétique et le comportement magnétique des matériaux nanocristallins ont été abordés pour permettre de comprendre les propriétés spécifiques et justifier le choix du matériau utilisé. Ainsi, nous avons pu confirmé qu'un matériau magnétique nanocristallin doux ayant un perméabilité très élevée est très intéressant. Ce matériau doit présenter une perte par courant de Foucault très négligeable.

Le deuxième aspect important du travail effectué concerne le système de détection dont les éléments sont rappelés ci-dessous.
- Le capteur magnétique comprend une bobine horizontale d'émission et deux bobines longitudinales de réception. La bobine d'émission est accordée à une fréquence de travail f_0 correspondant à une épaisseur de peau de l'ordre de grandeur de l'épaisseur du ruban d'alliage nanocristallin dont nous disposons. Les bobines de réception sont positionnées et orientées de manière à ce qu'elles reçoivent le maximum de signal de réponse d'une cible magnétique enterrée. Afin d'optimiser la consommation d'énergie du capteur, nous avons étudié les caractéristiques des bobines, le filtre passe-bande à la réception et les amplificateurs liés à l'émission et à la réception,
- Le codage spécifique comprend deux marqueurs transversaux et un marqueur longitudinal. Ces marqueurs sont des rubans constitués par le matériau nanocristallin (alliage Fe-Cu-Nb-Si-B) qui est très sensible au champ électromagnétique généré par une bobine d'émission,
- L'ensemble de processus d'acquisition, depuis la communication entre les différents appareils jusqu'au mode de stockage des données numériques acquises été présenté. Ces processus sont effectués par une interface paramétrable écrite avec le logiciel Matlab, logiciel qui permet la détection synchrone et l'acquisition des données,
- La phase de conditionnement des signaux permet d'obtenir le meilleur résultat lors de la phase d'acquisition des données. Les paramètres structurels des codes ont été retenus afin d'identifier les canalisations enterrées.

Par la suite, nous avons étudié la modélisation du champ afin d'améliorer la géométrie du capteur. Pour cela, la valeur crête de la composante H_X du champ magnétique et sa position par rapport au centre de la bobine d'émission ont été calculées par la méthode DPSM qui permet de modéliser les champs $\vec{H}$ et $\vec{B}$ grâce à la distribution spatiale homogène de sources ponctuelles. La valeur de H_x correspond sur le cycle d'Hystérésis à la valeur du champ qui sature le matériau. Ainsi, nous avons montré l'agencement du chariot en faisant un compromis entre les paramètres théoriques et expérimentaux.

Le dernier aspect de ce travail concerne l'optimisation du système de détection grâce aux paramètres expérimentaux du matériau et du système de codage.

- Le comportement du matériau a été testé expérimentalement (réponse non-linéarité et influence du champ terrestre). Ce qui a permis de justifier le choix du deuxième harmonique.
- Le cycle d'Hystérésis expérimental est tracé afin d'extraire les paramètres magnétiques du matériau. Ensuite le signal reçu en présence du code a été étudié.
- Le système de codage spécifique. Ce système comporte deux types de structure, TLT et TLTLT, de taille différente. Une simulation a permis de déduire le nombre de codes disponibles sur chaque type de structure. La distance entre deux marqueurs a été étudiée afin de minimiser l'encombrement du code.
- L'influence du champ magnétique démagnétisant en variant la taille du matériau a été étudiée afin de trouver la dimension optimale du marqueur en bénéficiant de la perméabilité magnétique élevée.
- La reproductibilité des mesures a été testée sur une centaine de rubans différents afin de justifier la reproductibilité et la fiabilité du matériau.
- Trois bobines longitudinales ont été placées à l'avant du capteur pour localiser l'emplacement de ce code par rapport au capteur et en conséquence, pour guider le chariot.

- Pour le dernier point de cette thèse, un prototype industriel du capteur et du code sont présentés. En situation sur le terrain, des résultas de tests effectués pour la détection de canalisations de gaz ont été présentés.

L'étude réalisée pour cette thèse et exposée au sein de ce document apporte une preuve que la localisation des canalisations enterrées par l'effet magnéto-harmonique est viable et utile. Elle améliore les performances du système de détection sur trois points :
- élimination les perturbations grâce la non-linéarité du matériau,
- augmentation de la profondeur jusqu'à un mètre,
- diminution de la taille du marqueur utilisé.

Des bases sont ainsi posées pour de futures études de systèmes de détection.
En termes de perspectives, on peut citer les points suivants :

- L'utilisation d'un autre matériau ferromagnétique qui possède des caractéristiques plus intéressantes que les caractéristiques de nanocristallin (Cycle d'hystérésis : H_c, H_s, B_s, B_r...) afin d'améliorer la sensibilité de détection et d'augmenter la profondeur de l'enfouissement de code.
- Une diminution de l'encombrement du capteur par l'optimisation de la taille des bobines pourra être effectuée pour faciliter l'utilisation du capteur.
- La mise en œuvre d'un détecteur portatif devrait aussi faciliter l'utilisation du système.
- L'amélioration de la qualité des filtres de voix de réception devrait augmenter la sensibilité de détection.
- L'amplificateur du signal d'émission pourrait être amélioré pour que le capteur consomme moins l'énergie.
- Une technique de séparation aveugle des sources pourra être appliquée sur les réponses des trois bobines longitudinales du capteur si deux canalisations sont présentes dans un espace restreint.
- Une combinaison de différents matériaux pour les marqueurs permettrait de réaliser un code barre compatible avec les précédents systèmes en augmentant sensiblement les informations apportées par chaque code.
- une charge aimantée pourra être utilisée au sein du système de codage pour renforcer la détection.

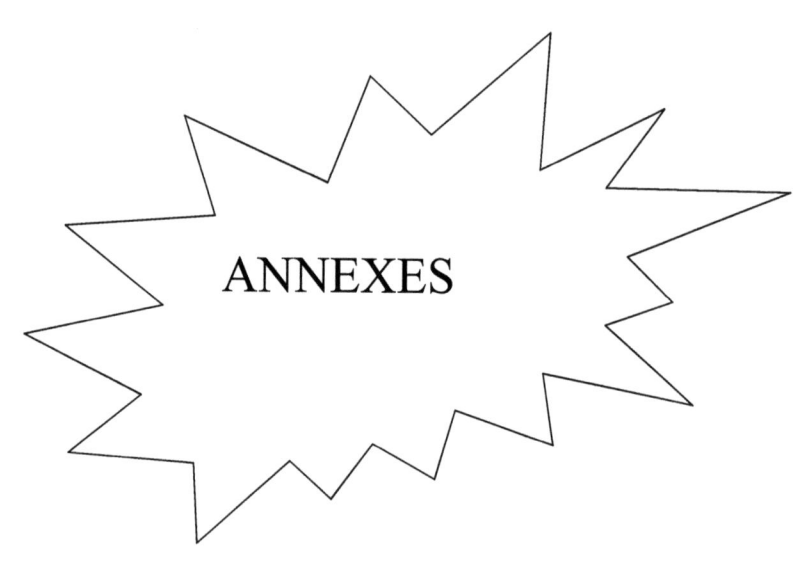

Annexe I : Structure électronique des métaux

Au coeur de l'atome, chaque électron possède une énergie correspondant à la couche dans laquelle il se trouve, il est caractérisé par quatre nombres quantiques :

- **n le nombre quantique principal** : il définit la taille de l'orbite et l'énergie qui lui est associée. Il s'agit de la couche dans laquelle se trouve l'électron. Plus le nombre n est grand, plus l'électron est éloigné du noyau et plus l'interaction entre les deux est faible, ($n \geq 1$),
- **ℓ nombre quantique secondaire**: il définit la forme de l'orbite. Chaque ensemble d'orbite pour lequel ℓ à une valeur donnée est aussi appelé sous-couche, ($0 \leq \ell \leq n-1$),
- **m nombre quantique magnétique**: ($-l \leq m \leq l$),
- **s nombre magnétique de spin** : ($s = \pm \frac{1}{2}$).

Tableau a.1 Etat possible de l'électron

Couche	N	l	M	nom
K	1	0	0	1s
L	2	0	0	2s
		1	-1, 0, 1	2p
M	3	0	0	3s
		1	-1, 0, 1	3p
		2	-2, -1, 0, 1, 2	3d
N	4	0	0	4s
		1	-1, 0, 1	4p
		2	-2, -1, 0, 1, 2	4d
		3	-3, -2, -1, 0, 1, 2, 3	4f

La classification périodique des éléments du matériau nanocristallin utilisé est présentée par la table a.2.

Table a.2 Classification périodique des éléments du nanocristallin

Nom	Numéro	K	L		M			N				O	Orbite		enveloppe
		1s	2s	2p	3s	3p	3d	4s	4p	4d	4f	5s			
Fe	26	2	2	6	2	6	6	2					3d6	4s2	2, 8, 14, 2
Si	14	2	2	6	2	2							3s2	3p2	2, 8, 4
Nb	41	2	2	6	2	6	10	2	6	4		1	4d4	5s1	2, 8, 18, 13, 1
B	5	2	2	1									2s2	2p1	2, 3
Cu	29	2	2	6	2	6	10	1					3d10	4s1	2, 8, 18, 1

Souvent les électrons sont symbolisés par des flèches verticales $\uparrow \downarrow$. Mais dans le cas du matériau ferromagnétique lorsque les électrons s'orientent parallèlement à son orbite atomique ils peuvent-être représentés par deux flèches de même sens $\uparrow \uparrow$.

Règle de Klechkowsky

La règle de Klechkowsky (Figure a.1), nous dit que le remplissage des électrons sur les orbites se fait dans l'ordre (n+1) croissant. Ceci conduit à un chemin présenté dans la figure suivante, sur lequel on constate que l'orbite 4s doit être remplie avant l'orbite 3d.

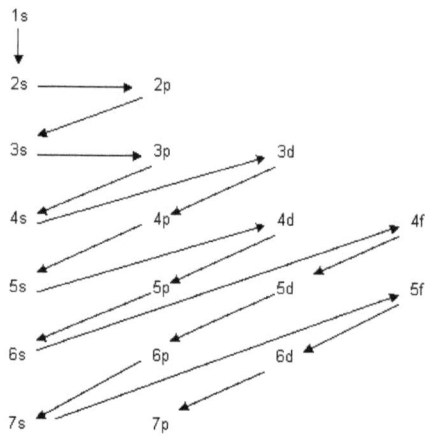

Figure a.1 Chemin suivi pour remplir les cases quantiques selon la règle de Klechkowsky.

Selon la règle de Klechkowsky, les énergies des sous-couches de Fe sont distribuées selon la suite: 1s, 2s, 2p, 3s, 3p, 3d, 4s, ... Ainsi, un électron 3d de Fe aura une énergie inférieure à celle d'un électron 4s. Cependant, dans la région des métaux de transition, les niveaux **3d** et **4s** ont des énergies très proches. On peut avoir un réarrangement de la distribution des électrons extérieurs.

Annexe II : Montage série de la bobine
La bobine est simulée par un circuit résonnant RL-C (RL représente la résistance et l'inductance de la bobine) monté en série avec un condensateur.

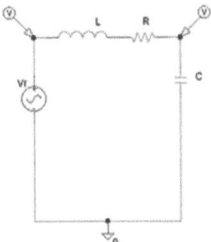

Figure 4 Montage de la bobine d'émission.

La tension aux bornes de la bobine est donnée par :

$$V_s = \frac{Z_L}{Z_C + Z_L} * V_e = \frac{R + jL\omega}{R + jL\omega + \frac{1}{jC\omega}} * V_e \quad (a.1)$$

Cette tension atteint sa valeur maximale à la fréquence de résonance et elle tend vers V_e quand la fréquence tend vers l'infini.

La simulation de ce montage donne des résultats très intéressants.

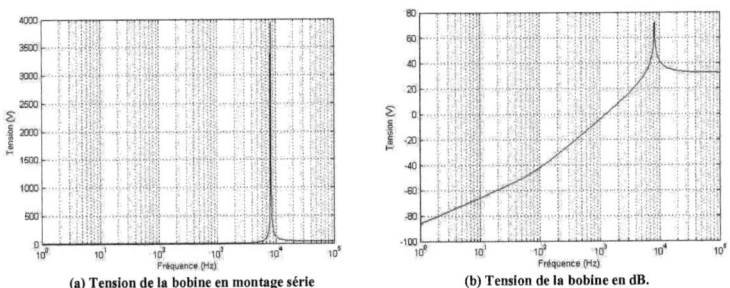

(a) Tension de la bobine en montage série   (b) Tension de la bobine en dB.

Figure 5 Montage de la bobine d'émission.

A la résonance du montage RL-C série, la tension aux bornes de la bobine atteinte les 4 000 V, avec un courant de 10 A d'amplitude.

Ce montage est le plus adapté à notre application, mais le risque d'échauffement des composants en travaillant avec cette puissance est possible, ce qui peut entraîner une variation de la fréquence de travail. Donc le dimensionnement des composants doit prendre en compte ces éléments.

Annexe III : Ancien filtre accordé à la réception ($2f_0$, $3f_0$)

Le filtre est composé d'un étage passe-haut qui atténue fortement la composante fondamentale et d'un filtre passe bande accordé sur la plage de fréquence [$2f_0$, $3f_0$].

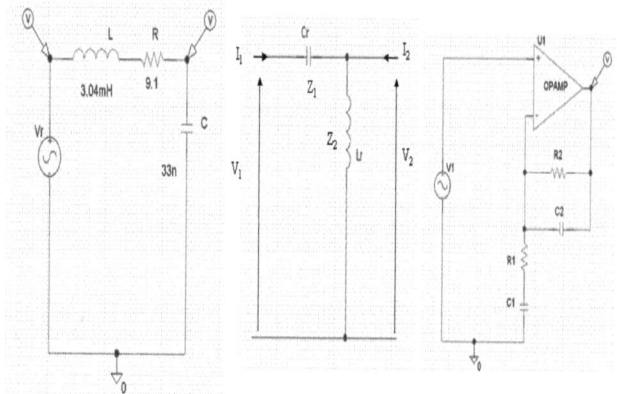

Figure 2 Filtre analogique accordé à $2f_0$, $3f_0$.

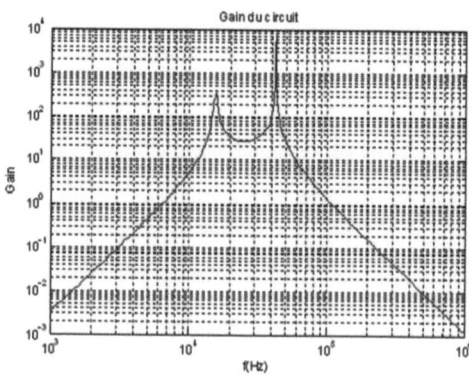

Figure 3 Gain du filtre.

La simulation présente un produit gain - bande importante :

Gain en f_0 (8,33 kHz) : 14,

Gain en $2f_0$ (16,66 kHz) : 10 000.

Références bibliographiques

[AB04] F. ALVES, R. BARRUE : Magnétisme microscopique à l'échelle des domaines magnétiques dans les matériaux ferromagnétiques doux, *J. J3eA*, **3**(6), 2004.

[ABC78] R. ALBIN, J. J. BECKER, M. C. CHI, *J. Appl. Phys.*, **49**: 1653, 1978.

[AFN88] Association Française de Normalisation : Norme A09-150, Courants de Foucault/Vocabulaire, AFNOR, 1988.

[Arn95] T. Arnal : Contribution à l'Amélioration d'un dispositif de Détection d'Objets Métallique. *Mémoire CNAM*, Université de Reims Champagne-Ardenne, 1995.

[Ash03] G. Asch et Collaborateurs : Acquisition de données du capteur à l'ordinateur. Edition DUNOD, 2003, ISBN 2-10-004204-1.

[B+08] S. Buzid, D. Nuzillard, L. Beheim, J-L. Nicolas, F. Belloir : Détection et Identification de Codes Magnétiques Enterrés, Sixième Manifestation des Jeunes Chercheurs en Sciences et Technologies de l'Information et de la Communication, Marseille, 29-31 Octobre 2008.

[B+09] S. Buzid, D. Nuzillard, L. Beheim, J-L. Nicolas, F. Belloir : Magnetism based System for Detecting and Identifying buried Network, J. Electrical And Electronics Eng., **2**,(2),139,2009.

[Bar88] R. Barrue et al., *Phys. Scripta.*, **37**:356, 1988.

[BB99] F. Belloir and A. Billat : Signal processing of the Eddy Current Sensor Response for Codes identification, proceeding of the sensor & transducer conference at MTEC'99, Birmingham, England, February 1999.

[BBF+88] M. N. Baibich, J. M. Broto, A. Fert, F. Nguyen Van Dau, F. Petrof, P. Eitenne, G. Creuzet, A. Friederich et J. Chazelas : Geant magnetoresistance of (001) Fe/(001)Cr magnetic superlattice. Physical Review Lettres, **61**(21):2472-2475, novembre 1988.

[BBBV97] F. Beloir, A. Billat, P. Billaudel, et G. Villermain-Lecolier : Les capteurs plats à courants de Foucault et leur Application. Journée d'Etude SEE, Novembre 1997.

[BC00] A. Belouchrani and A. Cichocki : A robust whitening procedure in blind source separation context. *Electronics Letters*, 36:2050-2051,2000.

[Bel95] A. Belouchrani : Séparation Autodidacte de Sources : Algorithme, Performances et Application à des signaux Expérimentaux. *Thèse de Doctorant*, ENST, 1995.

[BF32] F. Bloch, Z. Für Physik, **74**,295, 1932.

[BFB99] F. Belloir, A. Fache, and A. Billat : Reconnaissance de Formes développée autour d'un capteur à courant de Foucault, thèse de doctorat à l'université de Reims Champagne Ardenne. 1999.

[BFR84] M. Bertin, J. P. Faroux, J. Renault : Electromagnétisme 4, Pub. Dunod, Paris, 1984.

[BGSZ89] G. Binasch, P. Grünberg, F. Saurenbach et W. Zinn : Enhanced magnetoresistance i layed magnetic structures with antiferromagnetic interlayer exchange. *Pysical Review B*, **39**(7):4828-4830, mars 1989.

[BHC00] F. Belloir, R. Huez, and A. Cichocki : Smart Flat Coil Eddy Current Sensor for Metallic Tag Recognition, Measurement Sciences and Technology, **11**(4):367- 374, 2000.

[Big96] J. BIGOT : Alliage métallique amorphes « Traite matériau métallique M50 », *J. Tech. de l'ingénieur*, octobre 1996.

[BJSS91] J. R. Bowler, S. A. Jenkins, L. D. Sabbagh et H. A. Sabbagh : Eddy-current probe impedance due to a volumetric flaw. *J. applied Physics*, **70**(3):1107-1114, août 1991.

[BKB97] F. Belloir, F. Klein, and A. Billat : Pattern Recognition methods for Identification of Mettalic Codes detected by Eddy Current Sensor, Proceedings of IASTED International conference on Signal & Image Processing, Pages 293-297, New Orleans (USA). December 1997.

[BLEV86] A. Billat, A. Lecler, J. C. Emond et G. Villermain-Lecolier : Etude d'un Capteur Plat de Proximité. *Revue Phys. Appl.*, **21** :443-450, 1986.

[BMCM97] A. Belouchrani, K. A. Maraim, J. F. Cardoso and E. Moulines : A Blind sources separation technique using second ordre statistcs. *IEEE Trans. On signal processing*, **45**(2), februray 1997.

[BSB95] J. C. Bour, I. Stanghellini et A. Billat : Classification de Défauts par Réseaux de Neurones : Application au Contrôle Non Destructif par Courant de Foucault Pulsés. *15ème Colloque* GRETSI :1263-1266, septembre 1995.

[BV90] J. C. BAVAY, J. VERDUN : Alliages FER-Silicium, Traité génie électrique, *J. Tech. de l'ingénieur*, 1990.

[BV92] J-C. BAVAY, J. VERDU : Alliage Fer-Silicium », *J. Tech. de l'Ingénieur*, **D2**(110) :2110.1-2112.6, 1992.

[BZVB96] J. C. Bour, E. Zubiri, P. Vasseur et A. Billat : Etude de la Répartition des Courants de Foucault Pulsés dans une Configuration de Contrôle Non Destructif. *Journal of Physique III*, **6** :7-22, 1996.

[Car89] J. F. Cardoso : Source Separation using High Ordre Moments. *Proc. Of ICASSP'89*, Pages 2109-2212, Glasgow, Scotland, May 1989.

[Car98] J. F. Cardoso : Statistical Principles of Source Separation, Proceeding IEEE Signal Processing, 9(10):2009-2025, October 1998.

[Chi64] S. Chikazumi (Wiely), *Physics of magnetism*, New York, 1964

[CP95] P. Chaturvedi and R. G. Plumb : Electromagnetic Imaging of Underground Targets Using Constrained Optimization, *J. IEEE Trans. Geoscience and Remote sensing*, **33**(5) : 551-561, May 1995.

[Deg96] J. DEGAUQUE : Matériaux magnétiques amorphes, micro et nanocristallins,

[DF] Traité électronique, *J. Tech.* De l'Ingénieur, 1996.
J. Dumont-Fillon : contrôle non destructif (CND). Techniques de l'Ingénieur, R1400.

[DMTS90] Y. Das, J.E. McFee, J. TOEWS and G.C. Stuart : Analysis of an Electromagnetic Induction Detector for Real Time Location of Buired Objects, *J.IEEE Trans. Geoscience and Remote Sensing*, **28**(3):278-288, May 1990.

[DP93] I. Dufour, and D. Placko : Separation of conductivity and distance measurements for eddy current non destructive inspection of graphite composite materials, J. Phy. III, **3**(6):1065-1074, June 1993.

[DP94] I. Dufour, and D. Placko : General analysis of inductive sensor based systems for non destructive testing. *Journal de Physique III*, **4**(5) :1481-1493, May 1994.

[DTDL00] Etienne Du TREMOLET De LACHEISSRIE : MAGNETISME II - Matériaux et Application, Pub. EDP science, Vol. 6, 2000, France.

[DTDLa00] Etienne Du TREMOLET De LACHEISSRIE : MAGNETISME I – FONDUMENT, Pub. EDP science, **6**, 2000, France.

[DTN+05] D. D. Djayaprawira, K. Tsunekawa, M. Nagai, H. Maehara, S. Yamagata, N. Watanabe, S. Yuasa, Y. Suzuki et K. Ando : 230% room-temperature magnetoresistance in CoFeB/MgO/CoFeB magnetic tunnel junctions. *Applied Physical Letters*, **86**(9), février 2005.

[DTOL04] M. Delalandre, E. Trupin, J. M. Ogier and J. Labiche : Système contextuel de reconnaissance structurelle de symboles, basé sur une méthodologie de construction d'objets. Colloque International Francophone sur l'Ecrit et le Document (CIFED), Pages 100-110, 2004.

[Dur68] E. Durand : Magnétostatique, Masson et Cie , Paris, 1968.

[CET+99] T. Chady, M. Enokizono, T. Todaka, Y. Tsuchida et R. Sikora : A family of matrix type sensors for detection of slight flaws in conducting plates. IEEE Transactions on magnetics, **35**(5):3655-3657, septembre 1999.

[Fay79] R. FEYNMAN : Electromagnétisme 1, Pub. InterEditions, 1979, Paris.

[FH98] Brevet d'invention n° WO9810313, Inventeur: Belloir Fabien – Bui Duc Hao, Déposants: Plymouth Française – Bui Duc Hao, date de publication : 12/03/1998.

[FHa98] Brevet d'invention n° FR2753280, Inventeur: Belloir Fabien – Bui Duc Hao, Déposants: Plymouth Française – Bui Duc Hao, date de publication : 13/03/1998.

[FMD94] H. Fenniri, A. Moineau and G. Delaunay : Profile Imagery Using a Flat Eddy Current Proximity Sensor. *Sensor and Actuators A*, **45** :183-190, 1994.

[FMD97] H. Fenniri, A. Moineau and G. Delaunay : The Use of Some Iterative Deconvolution Algorithms to Improve the Spatial Resolution of a Flat Magnetic Sensor. *Sensors and Actuators A*, **63** :7-13, 1997.

[Gui92] P. Guillame : Contribution à l'étude et à la Réalisation d'un Dispositif de

Reconnaissance de Codes Enterrés. *Thèse de Doctorat de l'Université de Reims Champagne-Ardenne*, Reims, Février 1992.

[Ger78] R. Gersdorf, *J. Phys. Rev. Lett*, volume 40, pp 344, 1978.

[HA84] J. Hérault and B. Ans : Réseau de Neurones à Synapses Modifiables : Décodage de Message Composites par Apprentissage Non Supervisé et Permanent. *C. R. Acad. Sci.-Série III*, 13 :525-528, 1984.

[Har89] L. Hardy : Conception et Réalisation d'une matrice de Capteurs Plats à Courants de Foucault en vue de la détection et de la Reconnaissance de pièces Métalliques de Formes Simples. *Thèse de Doctorant de l'Université de Reims Champagne-Ardenne*, Reims, 1989.

[Her90] G. Herzer : Grain size dependence of coercivity and permeability innanocrystalline ferromagnets, 26(5):1397-1402, *IEEE Transactions*, 1990.

[HH+56] P. B. Hirsch, A. Howie, R. B. Nicholson, D. W. Pashley and M. J. Whe : *Electron microscopy of thin crystals*, Acta Cryst. 21(3), 1966.

[Hit87] Hitachi Metals, *Brevet EP 0 271 657*, Octobre 1987.

[Hit88] Hitachi Metals, *Brevet EP 0 299 498*, juillet 1988.

[HK26] M. Honda, S. Kaya :Magnetisation single cristal of iron, Sience Reporte. Tôhoku Imp. Univ., 15:721-753, 1926.

[HPZ73] R.HARRIS, M. PLISCHKE, M. J. ZUCKERMANN : New Model for Amorphous Magnetism, *J. phys. Rev. Lett.*, 31:160, 1973.

[HTR35] E. P. Harrison, G. L. Turney, H. Rowe : Electrical properties of wire of high permeability. Nature, 8: 961, june 1935.

[JH88] C. Jutten et J. Hérault : Une Solution Neuromimétique au problème de Séparation de Sources. *Traitement du Signal*, 5(6) :389-403, 1988.

[JS04] P. Jantaratanta et C. Sirisathitkul : Giant magnetoimpedance in silicon steels. Journal of Magnetisme and Materials, 281(2-3):399-404, octobre 2004.

[Ked06] A. Kedous-Lebouc, *Matériaux magnétique en génie électrique*, Page 71, Lavoisier, 2006.

[KP02] M. Knobel, K. R. Pirota : Geant magnetoimpedance : concepts and recent progress. *Journal of Magnetism and Magnetic Matrials*, 242-245:33-40, avril 2002.

[KC+00] M. Kunt, G. Coray, G. Granlund, J. P. Haton, R. Ingold and M. Kocher : Reconnaissance des formes et analyse de scenes. Traitement de L'information, 3, Edition Press Polytechniques et Universitaires Romandes, 2000. ISBN :2-88074-384-2.

[Lib79] H. L. Libby : Introduction to electromagnetic non-destructive methods. Roberty Krieger Publishing company, 1979

Lie02 N. Liebeaux : Contribution à la modélisation de capteurs électromagnétiques application au contrôle non destructif par courant de Foucault. *Thèse de doctorant*

	à l'Université Paris XI, Novembre 2002.
[LL67]	L. LANDAU, E. LIFCHITZ : Théorie classique des champs, Pub. Mir, 1967, Moscou.
[LL90]	L. Laandau, E. Lifchitz : Electrodynamique des milieux continus, Pub. MIR, 1990.
[LP02]	N. Liebeaux and D. Placko : The distributed Source Method: A concept for Open Magnetic Core Modelling. *The European Physical Journal Applied Physics (EPJAP)*, **20**(2):145-150, Novembre 2002.
[LPL03]	M. B. Lemistre, D. Placko and N. Liebeaux : Simulation of an Electromagnetic Health Monitoring Concept for Composite Materials : Coparison with Experimental Data. *SPIE 8th Symposium on NDE for Health Monitoring and Diagnostics*, San Diego (USA), March 2003.
[MA05]	B. MAJUMDAR, D. AKHTAR : Structure and coercivity of nanocrystalline Fe–Si–B–Nb–Cu alloys, *J. Bull. Mater. Sci.*, Pub. Indian Academy of Sciences, **28**(5):395-399, 2005.
[MDE90]	J. E. McFee, Y. Das and R. O. Ellingson : Location and Identifying Compact Ferrous Objects, *J.IEEE Trans. Geoscience and Remote Sensing*, **28**(2):182-193, March 1990.
[Mil97]	P. Millot : Développement et Traitement du signal d'un du type Radar Imageur pour la Détection des objets Enterrés. *Journée d'Etude SEE*, Toulouse, novembre 1997.
[MM+03]	J. Moulin, F. Mazaleyrat, Y. Champion, P. Langlois, M. Lécrivain, J.M. Grenèche, D. Michel and R. Barrué : Structure related magnetic properties of MnZn ferrite with ultra-fine grain structure, *J. Eur. Phys. AP.*, **23**:49-54, 2003.
[MVR08]	P. MLEJNEK, M. Vopalensky et P. Ripka : AMR current measurement device. *Sensors and Actuators A : Physical*, **141**(2):649-653, février 2008.
[Nat84]	D. M. Nathasingh, *J. App. Phy.*, **55**:1793, 1984.
[Née44]	L. Néel : Les lois de l'aimantation et la subdivision en domaines élémentaires d'un monocristal de fer, *J. de Phy. et de rad.*, **5**:265-276, 1944.
[NK]	L. Néel, Cah. Phys., 25(1), 1944; C. Kittel, Rev. Mod. Phys., **21**(541), 1949.
[Par03]	D. Paret : *Application en identification radiofréquence et cartes à puce sans contact*, Page 279, DUNOD, 2003.
[PB97]	Pierre Brissonneau : *Magnétisme et matériaux magnétiques*, Pub. HERMES, Paris, 1997.
[PCF02]	José-Philippe Pérez, Robert Carles, Robert Fleckinger : *Electromagnétisme* « Fondement et applications », Pub. DUNOD, 2002.
[Per96]	J. C. PERRON : Matériaux ferromagnétiques amorphes et nanocristallins, Traité génie électrique, *J. Tech. de l'ingénieur*, 1996.
[Pet94]	L. eters et al. : The ground Penetrating Radar as a Subsurgace Environmental

[PK03] Sensing Tool. *Proc. IEEE*, **82**(12), décembre 1994.
D. Placko, T. Kundu : Modeling of Ultrasonic field by Distributed Point Source Method in Ultrasonic Nondestructive Evaluation, *J. CRC Press*, **1**:143-202, 2003.

[PLK01] D. Placko, N. Liebeaux, T. Kundu : Méthode générique pour la modélisation des capteurs de types ultrasonore, magnétique et électrostatique, *J. Instrumentation, Mesure*, Métrologie, Pub. Hermès Science Publications, **1**:101-125, 2001.

[PLK02] D. Placko, N. Liebeaux, T. Kundu : Procédé pour évaluer une grandeur physique représentative d'une interaction entre une onde et un obstacle, Pub. INPI, Paris 2002.

[Pop05] H. Popescu : Génération et transport des électrons rapides dans l'interaction leaser-matière à haut flux. *Thèse de doctorant à l'école Polytechnique*, Octobre 2005.

[PP56] PANOFSKY et PHILIPS : *Classical electricity and magnetism* , Addison-Wesley, 1956.

[Ros02] P. Rosnet : Eléments de propagation électromagnétique. Edition ellipses, 2002, ISBN 2-7298-1110-9.

[S+04] R. B. SCHWARZ et al. : Soft Magnetism in Amorphous and Nanocrystalline Alloys, *J. Magnetism Magnetic Materials*, **283**:223-230, 2004.

[Sch86] F. SCHWARZ : Etude des paramètres d'élaboration de rubans amorphes par la méthode du flot planaire, Thèse Univ. P. et M. Curie, 1986, Paris.

[SH91] R. Schäfer and A. Hubert : Domain observation on nanocrystalline material, *J. Appl. Phys.* **69**(8), avril 1991.

[SO96] P. P. Silvester and D. Omeragié : Sensitivity Map for Metal Detector Designe, *J. IEEE Trans. Geoscience and Remote sensing*, **34**(3):788-792, May 1996.

[TB95] F. Thollon and N. Burais : Geometrical optimization of sensors for eddy currents Non Destructive Testing and Evaluation, *J. IEEE Trans. on Magnetics*, **31**(3), May 1995.

[TEC] http://www.techniques-ingenieur.fr, thème: Atténuation des champs électromagnétiques par des plans conducteurs.

[TC01] S. L. Tantum and L. M. Collins : A comparison of Algorithms for Subsurface Target Detection and Identification Using Time Domain Electromagnetic Induction Data, *J. IEEE Trans. Geoscience and Remote sensing*, **39**(6):1299-1306, June 2001.

[The97] W. A. Theiner, «Micromagnetic Techniques », dans V. Hauk (dir), *structural an Residual Stress Analysis by Non Destructive Methode*, Elservier Seience B. V., Pages 564-589, 1997.

[VAGP07] F. Vacher, F. Alves et C. Gilles-Pascaud : Eddy current non destructive testing with giant magneto-impedance sensor. NDT & E International, **40**(6):439-442, septembre 2007.

[VB94]   P. Vasseur and A. Billat : Contribution to the Developmenet of a smart Sensor Using EDDY Current for Measurement of Displacement. *Meas. Sci. Tech.*, **5**:889-895, 1994.

[Wika]   Wikipedia.fr, http ://fr.wikipedia.org/wiki/Contrôle_non_destructif. Contrôle non destructif.

[YCH+05] S. Yamada, K. Chomsuwan, T. Hagno, H. Tian, K. Minamide et M. Iwahara : Conductive microbead array detection by high-frequency eddy-current testing technique with SV-GMR sensor. *IEEE Transactions on Magnetics*, **41**(10):3622-3624, octobre 2005.

[YNF+04] S. Yuasa, T. Nagahama, A. Fukushima, Y. Suzuki et K. Ando : Geant room-temperature magnetoresistance in signale- crystal Fe/MgO/Fe magnetic tunnel junctions. *Nature Materials*, **3**:868-871, décembre 2004.

[YOY88]   Y.YOSHIZAWA, S.OGUMA, K. YAMAUCH, *J. Appl. Phys*, **64**:6044, 1988.

[Zit02]   A. Zitouni : Déconvolution aveugle multicapteurs par critère de décorrélation. *Mémoire de DEA*, Université de Reims Champagne-Ardenne, 2002.

[Zit06]   A. Zitouni : Modélisation et Conception d'un Capteur à courant de Foucault Intélligent pour L'Identification de Canalisation Enterrées, thèse de doctorat à l'université de Reims Champagne Ardenne. Novembre 2006.

[ZLC04]   Y. Zhang, X. Liao and L. Carin : Detection of Buired Targets Via active Selection of Labled Data "Application to sensing subsurface UXO", *J. IEEE Trans. Geoscience and Remote sensing*, **42**(11):2535-2543, Nov 2004.

Résumé : Cette contribution s'inscrit dans la continuité de travaux précédents développés au laboratoire. L'objectif est de concevoir un système «intelligent » et fiable d'identification des canalisations enterrées sans excavation. Pour cela un code détectable à distance doit être inséré dans le grillage avertisseur coloré couramment pour les travaux publics. Dans ces travaux de thèse, le code testé est réalisé dans un matériau magnétique. L'intérêt de ce matériau est qu'il possède une très grande perméabilité magnétique. Dans le dispositif développé, il est détectable à plus de un mètre de profondeur. Sa réponse est non-linéaire, elle contient des composantes harmoniques propre au matériau. L'agencement des différents éléments magnétiques définit une famille de codes, qui compte-tenu de leur faible épaisseur sont intégrables dans le grillage avertisseur actuel et assure la compatibilité avec les normes existantes. Dans ce mémoire, le comportement magnétique des matériaux nanocristallins est abordé pour permettre de comprendre les propriétés spécifiques et justifier le choix du matériau utilisé. La chaîne de mesure est développée, elle comprend : le fonctionnement du capteur, le système d'acquisition, le conditionnement des signaux. La géométrie du capteur et ses paramètres ont été étudiés pour réduire l'encombrement et optimiser le placement relatif des bobines de détection. Pour cela, il a été nécessaire de modéliser le champ d'induction magnétique $\vec{H}$ créé par une bobine d'émission et du champ d'induction $\vec{B}$ généré en réponse par le code. La géométrie de l'élément de base du code est déterminée en tenant compte du champ démagnétisant du matériau. Par ailleurs, la qualité de la réponse est améliorée en tenant compte de la non-linéarité de la caractéristique du matériau magnétique qui constitue le code. Les influences du champ magnétique terrestre et du champ démagnétisant du matériau dans le processus de détection ont été également prises en compte.

Summary: This contribution has been developed in the following of previous work realised in the laboratory. The objective is to design a "smart" and reliable identification system of buried pipelines without excavation. For this purpose, a teledectectable code must be inserted into the existing coloured alarm net commonly used for public works. In this thesis work, a magnetic materiel is used and studied to conceive the code. Its main advantage is that it has a very high magnetic permeability. In the device developed in the laboratory, it is detectable at more than one meter deep. Its response is non-linear, it contains specific harmonic components. The combination of many magnetic elements defines a code family. Its low thickness allows it to be integrated into the existing net alarm used for public works and ensures compatibility with existing standards. In this contribution, the magnetic behaviour of nanocrystalline materials is discussed for understanding the specific properties and justifying the choice of the material. A specific processing is developed, it includes: sensor functioning, acquisition system, signal conditioning. The geometry of the sensor and its parameters were designed to reduce space hindrance and to optimise the relative placement of the detection coils. For this, it was necessary to model the magnetic induction created by a coil and induction field generated in response by the code. The geometry of the basic element of the code is determined taking into account the demagnetizing field of the material. Moreover, the quality of the response is improved by taking into account non-linear characteristic of magnetic material which constitutes the code. The influences of Earth's magnetic field and the demagnetizing field of the material in the detection process were also taken into account.

Oui, je veux morebooks!

i want morebooks!

Buy your books fast and straightforward online - at one of world's fastest growing online book stores! Environmentally sound due to Print-on-Demand technologies.

Buy your books online at
www.get-morebooks.com

Achetez vos livres en ligne, vite et bien, sur l'une des librairies en ligne les plus performantes au monde!
En protégeant nos ressources et notre environnement grâce à l'impression à la demande.

La librairie en ligne pour acheter plus vite
www.morebooks.fr

 VDM Verlagsservicegesellschaft mbH
Heinrich-Böcking-Str. 6-8   Telefon: +49 681 3720 174   info@vdm-vsg.de
D - 66121 Saarbrücken   Telefax: +49 681 3720 1749   www.vdm-vsg.de

Printed by Books on Demand GmbH, Norderstedt / Germany